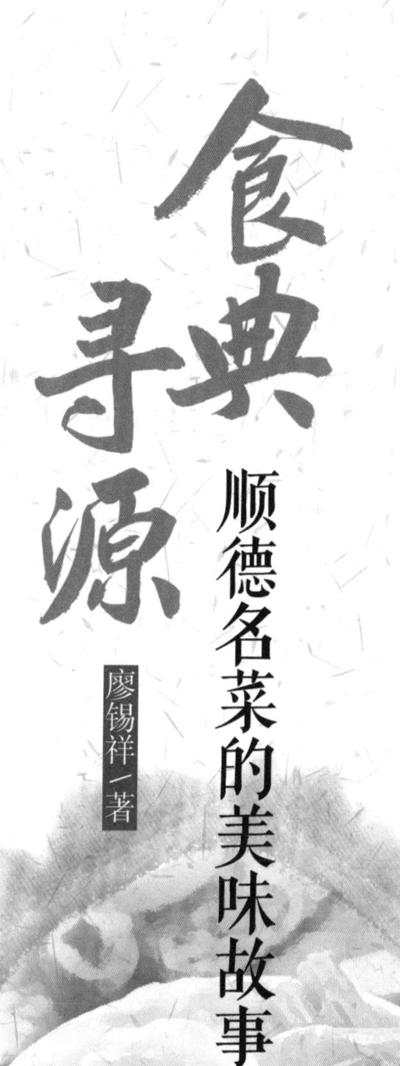

食典寻源

顺德名菜的美味故事

廖锡祥／著

SPM
南方出版传媒
广东经济出版社
·广州·

图书在版编目（CIP）数据

食典寻源 ：顺德名菜的美味故事 / 廖锡祥著. —广州 ：广东经济出版社，2019.9

ISBN 978-7-5454-6760-4

Ⅰ. ①食… Ⅱ. ①廖… Ⅲ. ①饮食—文化—顺德区 Ⅳ. ①TS971.202.654

中国版本图书馆CIP数据核字(2019)第140200号

出 版 人：李　鹏
责任编辑：韩文君　谢慧文
责任技编：陆俊帆

食典寻源——顺德名菜的美味故事
Shidian Xunyuan —— Shunde Mingcai De Meiwei Gushi

出版 发行	广东经济出版社（广州市环市东路水荫路11号11～12楼）
经销	全国新华书店
印刷	广东鹏腾宇文化创新有限公司（广东省珠海市高新区科技九路88号七号厂房）
开本	787毫米×1092毫米　1/16
印张	18.5
字数	300千字
版次	2019年9月第1版
印次	2019年9月第1次
书号	ISBN　978-7-5454-6760-4
定价	68.00元

广东经济出版社官方网站：http://www.gebook.com　微博：http://e.weibo.com/gebook
发行部地址：广州市环市东路水荫路11号11楼
电话：（020）87393830　邮政编码：510075
如发现印装质量问题，影响阅读，请与承印厂联系调换。
广东经济出版社常年法律顾问：胡志海律师

序

PREFACE

笔者的家乡——广东顺德，是一座用美食书写传奇的城市，享有“世界美食之都”“中国厨师之乡”“中国美食名城”“中国美食文化国际示范城市”等美誉，还被公认为“岭南粤菜之源”。长期以来，大批具有浓浓水乡味、田园味、自然味、家常味的顺德原生美食传至岭南各地，大大丰富了粤菜的菜谱，其中不少佳肴已经成为公认的经典。清末民初，它们被总称“凤城食谱”，当今又被粤菜专家总括为“顺德典范菜”而广受推崇。1985年出版的《广东风物志》中，把“凤城食谱”置于粤菜一篇的首位予以推介；而2011年第4期《中国烹饪》则把“顺德典范菜”列为粤菜“最具代表和最具实力”的六大支系之首。大良炒牛奶等名菜被写进了中国烹饪教材，凤城片皮鸡、金牌琵琶乳鸽等佳馔进入了中国钓鱼台国宾馆的保留菜单，而顺德小炒皇、大良炒牛奶、家乡酿鲮鱼则成为粤菜首批制作标准菜……

随着顺德饮食文化建设的深入发展，广大美食爱好者已经不再只满足于感官的享受了，他们愈来愈强烈要求了解灿若繁星的顺德美食经典是从哪儿来的，经历了哪些演变，具有怎样的特点，又将会走向何方；他们早已不再满足于一鳞半爪碎片化的认识，不愿再囿于道听途说。为此，笔者不揣浅陋，对顺德经典菜的起源、传承和发展的脉络作了初步梳理，编写成这本《食典寻源——顺德名菜的美味故事》，仅供广大饮食文化爱好者参考。感谢指导单位——顺德区文化广电旅游体育局对出版此书给予的大力支持，感谢佛山电台顺德广播对书中故事的大力宣传，感谢顺德区饮食协会、顺德区厨师协会、世界粤菜厨皇会顺德分会、顺德美食文化体验中心、大良街道经促局、陈村镇经促局、容桂餐饮行业协会、龙江镇饮食协会、伦教饮食协会的大力支持，感谢顺德餐饮界、厨艺界提供的珍贵史料和照片。

考古资料显示，早在三千多年前的先秦时代，顺德这块土地上已有先民居住、劳动和繁衍，但与中原古老的地区比较，顺德仍属于后起之秀，加上建制仅有五百多年历史，建县前的饮食史料又记在他县名下。这给顺德经典菜的溯源寻根增加了难度。尽管如此，我们还是坚持实事求是的态度，对查无实据的传闻不予收录，更不愿意为吸引眼球而胡编乱造。因此，本书不像传奇小说那样充满恩怨情仇，闪烁刀光剑影，而多是记叙广大厨师站在三尺灶台旁的辛勤劳动和平民百姓对家人后辈的美食关怀，当然，也有对时代风云的曲折反映；不过，正如熟语所说，平平淡淡才是真。

鉴于作者水平有限，书中错漏之处在所难免，恳望大方之家、有识之士不吝指正。

廖锡祥识于凤城

二〇一九年五月

目录

CONTENTS

1 顺德海鲜美滋味

浓虾汤过桥皇帝鱼 /2

油泡笋壳鱼 /3

鲜虾蒸挞沙 /4

鲜花椒蒸笋壳鱼 /6

香糟蒸鲥鱼 /8

菊花鲈鱼羹 /10

特色蒸桂花鲈 /12

过桥鱼片 /14

盐油蒸大和顺 /15

煎焗西江鲋鱼 /16

糯米炖鲤鱼 /18

大良酥鲫鱼 /20

无骨鲫鱼 /22

五柳鱼 /23

顺德鱼生 /24

附 顺德鱼生一段“古” /26

目录

CONTENTS

松子鱼 /28

太阳鱼 /30

顺德鱼头煲 /31

菊花榄仁蟹肉鱼肚鱼蓉羹 /32

凉拌爽鱼皮 /34

无骨大鱼 /36

桑拿鱼 /38

特色大盘鱼 /40

火焰鱼 /42

鱼塘公焖大鱼 /44

浸啜鱼 /45

煎焗鱼嘴 /46

榄豉蒸大鲮公 /47

铜盘焗鱼嘴 /48

家乡酿鲮鱼 /50

绉纱鱼卷 /52

茶蔗熏鲮鱼 /54

粉葛赤小豆鲮鱼汤 /56

生炒鲮鱼圆 /57

乐从鱼腐 /58

均安鱼饼 /59

芳芳鱼饼 /60

麦香鳗鱼柳 /61

钵仔鱼肠 /62

鹅肝灌汤鳗球 /64

七彩烧汁鳝柳 /66

烂布鳝 /68

六味会长鱼 /70

锅贴大明虾 /71

炒水鱼丝 /72

穿心水鱼 /74

土茯苓龟汤 /76

西施凤尾虾 /78

大良煎虾饼 /80

芙蓉虾 /81

百花酿蟹钳 /82

黑椒焗蟹 /83

蚬肉生菜包 /84

均安密口蚬 /86

2 奶蛋菜品独风流

大良炒牛奶 /90

大良炸牛奶 /92

炒三色蛋 /93

金榜牛奶炒龙虾球 /94

锅贴牛奶 /96

桂花炒瑶柱 /98

凤巢三丝 /100

琵琶豆腐 /102

3 餐桌妙品数德禽

顺德白切鸡 /106

凤城四杯鸡 /107

八珍盐焗鸡 /108

古灶柴火焗鸡 /110

瓦罉花雕鸡 /111

状元盐烧鸡 /112

凤城脆皮鸡 /114

脆皮糯米鸡 /116

大良污糟鸡 /118

玫瑰豉油鸡 /119

生财显贵鸡 /120

滴液熏香鸡 /122

凤城骨香鸡 /123

铜盘锡纸焗鸡 /124

大鸡三味 /126

楚香鸡 /128

香麻手撕鸡 /130

凤城蜜软鸡 /132

口福鸡 /133

凤城纸包鸡 /135

岳母鸡 /136

鱼头焗鸡 /137

根哥幢企鸡 /138

两袖清风 /140
葵花大鸭 /141
八宝酿全鸭 /142
荔蓉窝烧鸭 /144
军机大鸭 /146
弼教狗仔鸭 /147
薏米鸭 /148
三鲜拆鸭羹 /150
桂洲醉翁鸭 /152
顺德脆皮烧鹅 /154
羊额烧鹅 /156
黄连烧鹅 /157
彭公鹅 /158
市长鹅 /160
顺德梅子鹅 /162
但记白切鹅 /163
鸡洲滑鹅 /164
顺德醉鹅 /166
妈子炆鹅 /168
凤城酱风鹅 /170
叮叮鹅 /172
鸽松生菜包 /173
三洲燎蒸鹅 /174
附 三洲燎蒸鹅的由来 /175
生炸脆皮鸽 /176
茉莉花香熏乳鸽 /177
金牌琵琶乳鸽 /178
蟹肉扒百花酿鸽嗉 /180

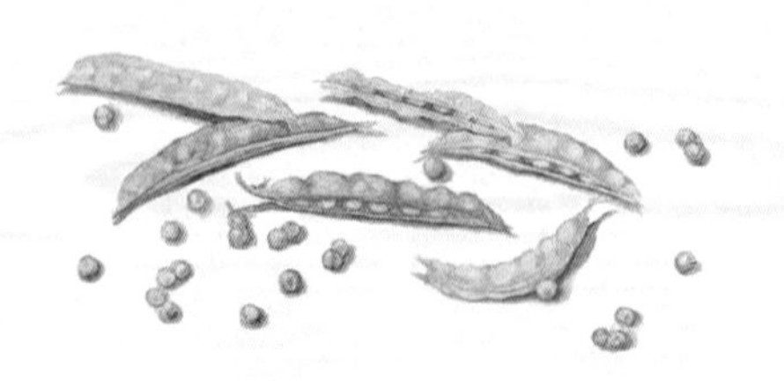

4

畜类佳肴惹食指

顺德烧乳猪 /184
东头烧猪 /186
脆皮金猪鹅肝夹 /188
黄连叉烧 /189
均安蒸猪 /190
金钱蟹盒 /192
大良野鸡卷 /194
黄连三拼烧 /196
凤城金钱鸡 /198
香烧桂花扎 /200
春花肉 /201
顺德蒸肉饼 /202
原个南瓜蒸肉排 /204
黑金蒜炖肉汁 /206
北滘香芋扣肉 /207
陈村咕噜肉 /208
马冈炒什锦 /209
龙江米沙肉 /210
猪脚姜 /212
巧手猪脚冻 /214
杏汁炖白肺 /216
红烧笋尾 /217
榄仁炒肚尖 /218

目录 CONTENTS

5 鲍参翅燕极品菜

蟹黄蟹肉燕窝羹 /222

燕窝鹧鸪粥 /225

肘子鸡炖金勾翅 /226

水鱼炖翅 /227

鲍鱼焗鸡 /228

翡翠鲜鲍片 /230

6 蔬果佳馔醉宾客

顺德小炒皇 /234

雪衣上素 /235

一品冬瓜盅 /236

蒜子双蛋苋菜汤 /238

火腿酿银芽 /240

咸鱼头芋仔豆芽汤 /242

煎酿三宝 /243

荔熟蝉鸣 /244

鲍汁柚皮 /245

7 田基美食最清新

大内田鸡 /248

绿豆扣田鸡 /250

玉簪田鸡腿 /252

椒盐反骨蛇 /253

菜远炒水蛇片 /254

勒流水蛇羹 /256

盐焗海豹蛇碌 /258

家乡炒蚕蛹 /260

蚕蛹炒蟹 /262

钵仔焗禾虫 /264

礼云子美食 /265

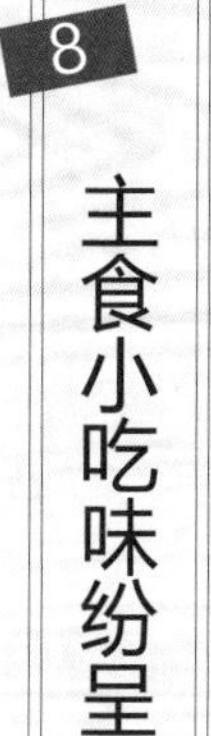

8 主食小吃味纷呈

烧鸡烩饭 /268

鸡油花雕大红蟹陈村粉 /269

鱼皮角浸鱼面线 /270

上汤鱼皮角 /272

上汤虾皮角 /274

功夫汤 /275

锅烧豆腐 /276

凤城杏香奶糊 /278

粥底火锅 /279

顺德凉粉 /280

南乳花生 /281

参考文献 /282

顺德海鲜美滋味

鲜虾蒸挞沙
鲜花椒蒸笋壳鱼
油泡笋壳鱼
香糟蒸鲥鱼
菊花鲈鱼羹
特色蒸桂花鲈
过桥鱼片
……

1

浓虾汤过桥皇帝鱼

国际品牌集团佛山希尔顿酒店御玺中餐厅有一款远近闻名的招牌菜：浓虾汤过桥皇帝鱼。《味道佛山》微信平台评论说："此菜集清、真、鲜、嫩、爽为一体，一块鱼片下去，在这一刻鱼肉的鲜滑和虾汤的浓香相互交织，浓郁的复合美味带你登上味觉的极致顶峰。"

说起这道极品鱼肴的来历，得从七年前说起。现任餐厅行政总厨的刘炽平师傅（平哥）原是北京顺峰饮食酒店管理股份有限公司的技术骨干，创新能手。那些天他连续试味多款高档虾菜，心里琢磨开了：能不能熬制虾汤来为名贵菜肴增香赋鲜呢？于是，他精心挑选有膏有籽的鲜虾原只熬汤，可就是精炼不出理想的奇鲜味儿来。几经实验，他终于摸索出门道来了：把虾绞烂，鲜味始出。最合适的浓度是用一斤老虎虾熬成一斤半的浓虾汤。一尝，疑为仙汤。用滚烫的浓虾汤做过桥东星斑，妙品！平哥并没有就此停步，转而探索烹制过桥本地鱼的奥秘。

一天，平哥在顺德鱼塘公伍剑标的养殖场里吃到了苏丹鱼。苏丹鱼肉质细嫩，味极鲜美，享有"皇帝鱼"美誉。苏丹鱼原是马来西亚的一种高价野生河鱼，从未有过人工养殖的记录。伍剑标发扬顺德人敢为天下先的精神，付出了无数的心血，耗费了不少资金，终于把皇帝鱼引进顺德养殖。平哥与皇帝鱼的邂逅，当即擦出了创新灵感的火花，于是就有了浓虾汤过桥皇帝鱼这一珍馐玉馔的问世。有顺德美食竹枝词单咏此菜：

奇鳞细脍上华筵，嫩玉晶莹味绝鲜。

一溅鲜汤桥已过，天厨极品慰馋涎。

油泡笋壳鱼

油泡笋壳鱼（悦兴私房菜提供）

在 2016 顺德美食节上，容桂悦兴私房菜馆的油泡（浸）笋壳鱼被评为“鱼悦顺德”（夏秋）十大鱼肴之一。

笋壳鱼盛产于东南亚的印尼、越南、柬埔寨、泰国等地。野生笋壳鱼生长于溪流之中，平时一动不动，假装石头，等待小鱼虾游至面前，才突然张口吞下。它不爱运动，生长较慢，但肉质极为鲜嫩。油浸笋壳鱼自 20 世纪 50 年代开始在香港流行，由顺德厨师掌勺的金陵酒家等名店均有此菜出品。新加坡名厨肥仔荣更是把油浸笋壳鱼做得出神入化，享有“新加坡笋壳王”的美誉。改革开放后，油浸笋壳鱼在顺德颇受高端食客青睐。以著名美食家唯灵为领队的顺德美食品尝团钟爱点吃此菜。《顺德菜精选》《巧手精工顺德菜》都将此菜收载入其中。

容桂悦兴私房菜馆老板李铨辉先生（铨哥）是一个喜爱游历四方的美食家，每到一处，他总会直奔当地市场，寻找优质食材，体验该地风味。有一次，铨哥在云南丽江旅游，尝到笋壳鱼美味，获得了灵感。回到店里，他用大量的慢油将笋壳鱼浸泡至所需的熟度，而非猛火狠炸。这样的做法，保持了笋壳鱼的本真味，表皮金黄且脆，而内里肉质鲜嫩。然后撒上红椒丝、姜丝、胡椒粉，以熟油浇之，炝出香味，最后淋上用二十多种调味料调成的热酱汁。成菜微酸微辣，十分适合顺德人的口味。《品味容桂》报道：“许多人开车导航而来悦兴，只为吃上一口这里的金奖粤菜——油泡笋壳鱼。”有诗专咏此菜：

红火碧油浴嫩身，金装玉质美撩人。

为寻佳味游诸国，请得鱼王飨贵宾。

鲜虾蒸挞沙

清蒸挞沙是苏眉、老鼠斑之类深海鱼类登上餐桌之前最珍贵的海鲜名菜之一。挞沙，属比目鱼一类，一名贴沙，《广东新语》说它“善贴沙上，故名”。它还有一个吉祥的称谓——龙利（或龙脷），其实学名叫半滑舌鳎。它生活在近海（少数种类进入淡水），体扁略似鞋底。相传明代时顺德有位画仙李子长，一次他脱下草鞋，饱蘸墨汁，在洁白的宣纸上印了两下，赠给友人。友人途经桂畔海时展开画卷看看，两条挞沙鱼从画上跃入水中，桂畔海金边挞沙由此而来。这则传说，表明在群众心目中，挞沙的形象几近仙鱼。

挞沙肉质细腻嫩滑，肉多刺少，鲜爽腴美，最宜清蒸。1997 年出版的《顺德菜精选》记载清蒸挞沙，仍然沿用传统的清蒸河鲜的方法，即加肉丝、菇丝同蒸。2003 年出版的《鱼 300 味》已改用“鲜虾润肤法”蒸挞沙了。因为挞沙鱼皮易脱落，且含胶质较多，蒸时易粘碟，加几只鲜虾放在鱼面同蒸，鲜虾肉因受热而滴出汁液，不断滋润鱼身，使鱼皮不易爆裂，鲜味还可以渗进鱼肉，即使蒸得稍微过火，鱼肉亦不会蒸老。

如今，“鲜虾润肤法”已被广泛用于清蒸名贵海（河）鲜中。这是顺德人对传统清蒸海（河）鲜法的一种改良和创新。

有诗咏鲜虾蒸挞沙：

比目肌肤腻似脂，鹅黄早韭伴姜丝。

鲜虾点缀添灵气，秀色当前快朵颐。

鲜虾蒸挞沙（高佬海鲜饭店提供）

鲜花椒蒸笋壳鱼

鲜花椒蒸笋壳鱼的美味故事

蒸鱼一直是顺德人的烹饪绝技。“顺德蒸鱼”被评为“全民最爱十大顺德菜”之一。从唐代刘恂的《岭表录异》记载的“饭面鱼”，到民国时自梳女的“荷香鱼”，从民国时风行的“清蒸海（实为河）上鲜”，到改革开放后盛行的“油盐水清蒸山坑鲩”，顺德鱼的清蒸技法一脉相承，其精髓除了要求鱼鲜活外，就是追求真与鲜，酱汁放得极少，以免作料夺味，至多在鱼熟时放些姜丝葱丝，然后用烧热的花生油一溅，淋上少许特调酱油，目的是突出鱼的真味。

然而，时代在发展，口味在悄然变化。改革开放以来，顺德人日渐接受着别样风味的南北美食、东西佳肴，连自己引以为傲的蒸鱼也出现了微妙的变化，调料调味蒸逐渐与清蒸“分庭抗礼”。近来，容桂、大良等餐饮大镇出现的鲜花椒蒸笋壳鱼、鲜花椒蒸桂花鲈就是赫赫有名的招牌菜，也是老少皆宜、颇受好评的两道顺德创新菜。

鲜花椒蒸笋壳鱼（容桂猪肉婆私房菜提供）

花椒本是川菜一宝，入馔已有两千多年历史，它那浓郁的香气和麻辣味让人一试难忘。有诗赞道：

玄珠颗颗向西风，露白含秋映日红。

鼎饫正应加此味，莫教姜桂独成功。

猪肉婆私房菜大厨李汉明师傅深知鲜花椒调味的此中三昧。他先将熟度不一的鱼头、鱼尾、鱼骨与上过粉浆的鱼片分开蒸熟，把鱼片置于鱼骨上，将爆炒过的鲜花椒和辣椒圈放于鱼片上，以炒熟的胜瓜件围边，然后将秘制酱汁炒香，淋在鱼肉上。

这道新法蒸鱼鲜嫩微辣，味和，把非一般的南北口味融于一体，被《东方美食》杂志和《顺德菜烹调秘笈（新潮名菜）》载入其中，此外，它还被评为2016容桂特色菜。

香糟蒸鲥鱼

一掷千金购秘方，酒糟蒙幸事鱼王。
拿来沪上厨中宝，化作花村百味香。

此诗所咏的是千年花乡陈村的新君悦酒店皇朝食府的招牌菜——香糟蒸鲥鱼。据《珠江商报》报道，十多年前，皇朝食府用 8 万元从香港某著名酒楼的一位上海名厨手中买得此菜的配方。制作时将带鳞的即冻江阴鲥鱼与酒糟等 29 种配料调料同蒸超过 25 分钟，上桌食用时由服务员把鳞片扒开清除。鲥鱼即顺德人讲的三黎，有“鱼中之王”美誉。宋代大诗人苏东坡赋诗赞道：“芽姜紫醋炙银鱼，雪碗擎来二尺余。尚有桃花仙气在，此中风味胜莼鲈。”

香糟蒸鲥鱼（陈村新君悦酒店提供）

而香糟是用谷类发酵制成黄酒或米酒后所剩余的残渣（即酒糟），经过一定的工艺加工而成的调味品。香糟香气浓郁，酒香醇厚柔和，可为鲥鱼增香祛腥。香糟蒸鲥鱼色白如银，肉质细嫩，口感鲜美芬芳，而且有“时来运转”的吉祥寓意。据当年报载，这道菜推出后比顺德人引以为傲的本地蒸鱼还火，每天都供不应求，食府老板高兴地说：这道菜赚了 80 万都不止。

事情还远未结束，经过精心研制创新，香糟蒸鲥鱼还衍生出酒糟王蒸鲮鱼、飘香酒糟甑鸡、飘香酒糟甑鹅等“‘糟’二代”系列菜，前二者在第十六届中国厨师节中华美食展示百鸡宴 / 百鱼宴中荣获最高奖——优胜奖。

香糟蒸鲥鱼的引进和演变，充分展示了顺德人海纳百川的广阔胸怀，更是顺德厨师善于学习、借鉴外帮菜的一个经典例证。

菊花鲈鱼羹

菊花鲈鱼羹（容桂大快活酒楼提供）

仙洞村（龚万盛摄）

菊花鲈鱼羹是顺德一款历史名菜，相传为明代青衣（古代僮仆穿青衣）诗人李少芝所创。

李少芝，顺德陈村人，自幼跟随主人——著名诗人欧大任遍游全国各地，同时学会了作诗。一次，边关告急，诗人雅集作诗纪事。在旁侍候的李少芝情不自禁，竟在众多诗坛大家面前朗诵了自己的忧时之作：“萧关风急马频嘶，四塞河山动鼓鼙。独立高台望烽火，胡笳多在蓟门西。”从此，“青衣李生能诗”之名不胫而走。

欧大任去世后，李少芝到大良堡小洞（今仙洞）村开了一家小酒馆，劳作之余，跟伙计们一起吟诗作对，自得其乐，他还把生平诗作编入《历游》《餐霞》《当垆》三本集子里。

李少芝崇敬“夕餐秋菊之落英”的大诗人屈原，景仰“采菊东篱下”的田园诗人陶渊明。有一次见到秋菊怒放，李少芝油然想起了晋代高士张翰因思念故乡莼菜鲈鱼而辞官归隐的事迹，创造了一道寓意抒情菜——菊花鲈鱼羹。先将草菇、笋花、菜远滚煨好，放入汤窝盘中，再把鲈鱼片焯（烫）熟，放在草菇等食材上面。另起镬把上汤调味烧沸，倾入汤窝盘内，撒上菊花瓣，放上火腿片即成。此菜汤清味鲜，鱼肉爽滑，色泽清雅，菊香怡人，深受广大食客特别是淡泊名利的文人墨客赞赏，名声远播。被法国美食协会授予“美食家”称号的医学博士陈存仁在《津津有味谭》一书中写道：“顺德凤城的菊花鲈鱼脍清鲜甘美，颇负时誉。”有诗咏菊花鲈鱼羹：

秋风飒飒菊花黄，玉脍金齑[1]戏上汤。

若得张公评品味，莼羹短却一番香。

菊花鲈鱼羹被列入第十三届顺德私房菜大赛指定怀旧菜。

① 玉脍金齑：隋炀帝曾赞鲈鱼为“金齑玉脍，东南佳味”。

特色蒸桂花鲈

1998年的一天。顺德北滘小蓬莱酒家。经理皱着眉头，与厨师何定文商讨如何让一条普通桂花鲈增值的办法。

鲈鱼本是淡水鱼中的佳品，肉白如霜雪，且不作腥，曾被隋炀帝赞为“金齑玉脍，东南佳味”。而桂花鲈蒸熟后还有淡淡的桂花香味，十分诱人。顺德是桂花鲈的重要养殖基地，曾据报载，我国每两条桂花鲈，就有一条产自顺德的池塘。物多难求善价，更何况面临海鲜的猛烈冲击！何定文深知，恪守传统的顺德人蒸鱼坚守整条清蒸，以保持鱼的原汁原味，但吃多了就难有新鲜感。何定文确信，一条平凡的鱼，要吸引食客，就必须加进新的元素，这样才能提升附加值。

经过苦苦思索，何定文创制了特色蒸桂花鲈一菜。做法是把整蒸改为碎蒸，把一步蒸改为两步蒸。把鱼头、尾、骨斩出，先行调

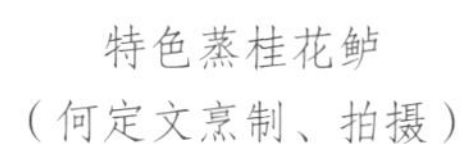

特色蒸桂花鲈
（何定文烹制、拍摄）

味蒸熟；然后起出鱼肉，切双飞连片，加枸杞子、云耳与鱼骨同蒸。上桌后，让食客把云耳夹着鱼片同吃。特色蒸让桂花鲈鱼华丽变身，卖上了好价钱。

后来，何定文把此菜带到广州。时任广州酒家文昌店厨师长的吴自贵（后获中华金厨奖）是何定文的老乡，闻讯后，他两度登门试吃观摩，决定把特色蒸桂花鲈引进“广州第一家”，作为招牌菜招徕食客。此后，许多食店争相仿效这种精细高贵的蒸鱼方法。被评为 2017 全民最爱十大顺德创新菜之一的鲜花椒蒸笋壳鱼也大体上是使用这样的蒸法。

有诗咏特色蒸桂花鲈：

善治凡鱼够手刁，分蒸薄脍巧烹调。

新潮特色能升值，似跃龙门靠一飙！

顺德北滘城市建设风貌

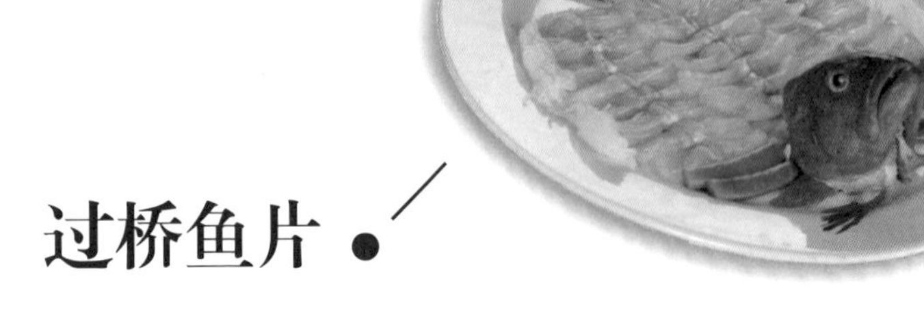

过桥鱼片

过桥东星斑（佛山希尔顿酒店提供）

在 2016 世界美食之都美食节“鱼悦顺德”（夏秋）鱼肴评选活动中，大良聚牛坊的过桥鱼片入选十大鱼肴。

过桥鱼片的做法，是从过桥米线演变而来的。相传云南蒙自县有一位秀才，在南湖一个岛上攻读诗书。妻子每天在家里做好米线，送去给秀才吃。因为路途较远，又要过一座长桥，为防止米线变凉，妻子用瓦罐盛装鸡汤，借汤面厚厚的油层覆盖保温，使秀才每天都能吃上滚热鲜香的米线。后来，“过桥”成了一种烹饪方法，泛指利用炽热的汤水令食材至熟，又因汤水含油量高而产生保温效果。此法适用于易熟的食材。

大约从 1994 年起，做高端粤菜的顺峰饮食酒店管理股份有限公司各店推出了一批过桥海鲜菜式，包括过桥象拔蚌、过桥大响螺、过桥大澳洲鲍等，其中，过桥东星斑颇负时誉。此菜将深海鱼东星斑骨肉分治，鱼骨熬汤，鱼肉切片与竹笙（竹荪）、萝卜丝、炸脆锅巴放入汤窝，将烧至滚烫的鱼汤淋入窝盘内即成。最有趣的是锅巴发出“喇喇”响声，略似抗战时的“第一菜”锅巴汤（戏称“轰炸东京”）。

现今，人们消费日渐趋于理性。为适应顺德人口味重清和价格大众化的要求，过桥鱼片选用桂花鲈鱼为主料，做法是将鲮鱼骨熬出奶白色味汤，加入老鸡、龙骨、扇骨、鸡脚、珧柱、猪手一起熬制汤底，用以把桂花鲈鱼片烫至恰熟，按位上。鱼骨蒸熟，同上。此菜汤清味美，鱼片鲜爽香滑，十分可口悦喉，体现了当今餐饮消费的价值取向。有诗咏过桥鱼片：

过桥今不为攻书，撇却浮脂腻尽除。

何物老饕争下箸，鲜汤一碗烫鲈鱼。

据《品味容桂》一书中介绍，盐油蒸大和顺一直是高佬海鲜饭店的“镇店之宝”，还名登容桂特色菜金榜。

“和顺”是我国淡水河鲜珍品白鱼的异称。《中华淡水鱼鲜谱》等烹饪典籍均认为，和顺鱼肉质肥腴，润滑细嫩，口味尚平和、清淡，最宜清蒸，但古今各地清蒸之法各异。古菜常用“糟蒸”或“酒炊”，清代美食家袁枚在《随园食单》中认为“用酒蒸食，美不可言”，而太湖名菜清蒸白鱼则加金华火腿、香菇、冬笋、口蘑、猪网油为鱼增鲜添香。

高佬海鲜饭店当家人黄炼明对河鲜、海鲜的生活习性和肉质肉味做过深入钻研，并亲率厨师团队做试验，不断探索把优质食材发挥到极致的方法。他认准顺德人蒸鱼“口味力求清鲜，崇尚本色、本质、本味”的理念，运用疍家人（水上居民）油盐蒸鱼这种最简单的“减法”，把用泉水养殖的和顺鱼两边腩（腹）展开，用刀尖划开肋骨，涂抹上一层盐油，让鱼趴着蒸至恰熟。这样蒸出来的和顺鱼，食客无不称赞“最能保持鱼的鲜美，鱼肉口感特别嫩滑”。有人用白居易诗赞咏此菜：

啜饮甘泉美玉成，素鳞三尺见冰清。

却嫌糟酒污颜色，一抹盐油本味生。

盐油蒸大和顺

盐油蒸大和顺（容桂餐饮行业协会提供）

煎焗西江鮰鱼

《食在广州：岭南饮食文化经典》记载：“顺德还有一种著名的烹调法，就是煎焗……以新鲜原料为主，做出芳香风味。”煎焗西江鮰鱼就是运用煎焗技法成功的菜例之一。

鮰鱼学名斑点叉尾鮰，是外形、食味、口感都与黄颡鱼相似的一种无鳞鱼，其皮滑，肉质细嫩，味浓鲜美，骨刺少，尤以腹肉为佳，与鲈、鳜、嘉并称珠江水系四大名贵河鲜。约三十年前，顺德厨师爱用蒜子、烧腩与鮰鱼同焖，取其香气浓郁诱人，但焖的时间长了，蒜子的辛香往往会掩盖一些鱼的鲜味。鮰鱼烹法创新已是大势所趋。

1988 年，顺德名厨谭永强与麦朝信合作经营东海海鲜舫，一位管楼面，一位管厨房。当时顾客嫌蒸焖鮰鱼口感有点腻，他们多点吃鱼头和鱼尾，鱼身因多脂而少人问津。两位名厨从传统的煎焗鳙鱼做法上得到了灵感，把鮰鱼身切大块（后改切厚片）加以煎焗。成菜集

顺德德胜广场全景图

合了煎炸的香、清蒸的滑，表面甘香酥脆，里面嫩滑多汁，香港美食家唯灵先生赞美此菜“达世界第一流水准”(见《顺德番禺边玩边吃》)。

后来“餐船”由于污染水环境而被取缔，谭永强、麦朝信“上岸”后分别经营东海海鲜酒家与宏图海鲜酒家。在1998顺德美食大赛中，这两家名店均制作煎焗西江鲌鱼参赛，同获优胜奖。之后，东海海鲜酒家的煎焗西江鲌鱼获佛山名菜和2007顺德金奖菜殊荣；而宏图海鲜酒家的煎焗西江鲌鱼则吸引了当时澳门特别行政区行政长官何厚铧先生前往品尝，何“特首”还挥笔题写了“宏图美食”四个大字。正是：

澳门官长喜挥毫，美食宏图品位高。

佳味首推煎焗鲌，甘香嫩滑胜烧蚝。

2012年，煎焗西江鲌鱼被列入勒流四大名菜。

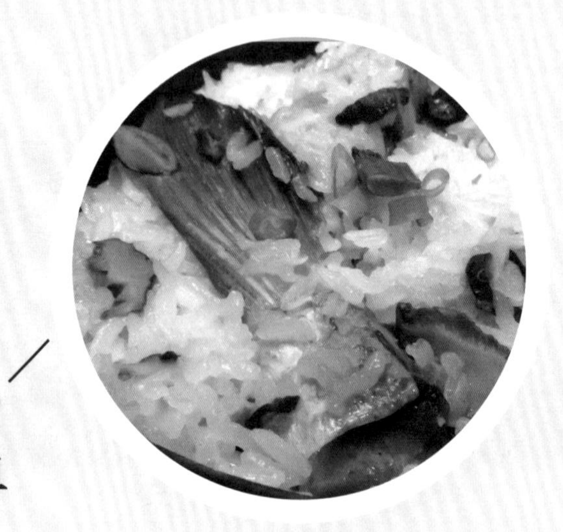

糯米炖鲤鱼

冲滩击浪有神功，不跃龙门入釜笼。
愿缀珍珠供药膳，奔腾热血战寒风。

顺德民俗，大寒节气，一般家庭用糯米炖鲤鱼作为食疗佳品以补中益气，却不知此中还有一个动人的励志故事。

清康熙三十五年（1696），大寒那天，一位殷商给举人公梁学源送上一碗热气腾腾的补品——糯米炖鲤鱼，祝愿梁公像鲤鱼跃龙门一样，成为科举考试的“强龙”。次年，梁学源果然如愿考取了进士。现在我们在梁氏家庙里，还可以看到一块“鲤跃龙门”的石雕呢。

梁学源是顺德平步堡大墩村（今属乐从镇）人，年轻时在梧州做木工。有一次，他为州学赶制一批装考卷的木箧，由于时间紧迫，不能按时完工，他被学官当众臭骂了一顿，还被掴了三个耳光。受此凌辱，梁学源愤恨难当，把斧锯鑿凿一股脑儿扔进江中。在一位殷商的鼓励和支持下，他发奋读书，立志博取功名，以洗雪前耻。不到十年，他就成为一位满腹经纶的才士。在此后一两百年间，他更成为两广地区激励子弟发奋上进的好榜样，并使大寒时节吃糯米炖鲤鱼蔚然成风。

梁学源可不是范进那样的书呆子和官迷。他踏上仕途后，以明代海瑞自勉，为官清廉正直，替老百姓办了不少好事。他抵制官场的不正之风，最终不惜愤然辞职，转而入广州粤秀书院任主讲。他博闻强记，讲课口若悬河，妙趣横生，学生一连听上两三个小时也乐此不疲，每年都有近千名学子慕名上门受业！梁学源成了教书育人的“龙”！

糯米炖鲤鱼（大良雷公饭堂提供）

大良酥鲫鱼

大良酥鲫鱼是顺德一款历史名菜，曾载于多部烹饪典籍。从明代的《易牙遗意》，到清中期的《调鼎集》，都载有酥鲫鱼的制法，京、津、苏、杭等地的老菜谱中也都写有酥鲫鱼的芳名。而《万家粤菜一本通》则明确记载：大良酥鲫鱼“这款菜是从前顺德大良人所发明”。

坊间相传，清代一龙姓大商家饱读诗书，却无意仕途，长年出外经商，见多识广。一次回家小住，见爱子嗜吃银鲫，担心其年幼会不慎骨刺卡喉，便吩咐随身家厨：“借鉴外地烹制鲫鱼的经验，做一道捻手菜来，让我这条‘化骨龙’（顺德人对爱子的昵称）吃得安心放心。”“化骨”二字像电光火石闪过家厨的脑际，他想：要让鲫鱼骨头变酥化，非油炸不可！而油炸品油腻，多吃易让人上火，少不了

凤城食都景观

借助醋。但像京菜那样单用山楂调酸，就会酸得太寡，还是用我们粤厨以糖醋调复合的酸甜味，才会酸而不咧，甜而不腻。经过多次试验，这位家厨终于摸索出行之有效的方法：把鲫鱼炸至松化，将调好的糖醋注入瓦煲内，放入姜、葱、蒜垫底，然后将鲫鱼放在上面，慢火煲半个时辰（1小时）便大功告成。此菜甘香味美，骨酥可口，被载入成书于光绪年间的粤菜菜谱《美味求真》中。《中国烹饪原料大典》赞道：“连骨、鳍均整体可食，甚合营养之需。”

大良酥鲫鱼虽然如今已经少露踪影，但它却给制作鲮鱼罐头提供了灵感，可谓“功成身退”。有诗赞颂大良酥鲫鱼：

庖厨亦可真豪杰，货殖如何不丈夫？

一味酸甜酥炸鲫，深含美意胜莼鲈。

无骨鲫鱼

无骨鲫鱼（大良雷公饭堂提供）

2017年9月30日中午，顺德容桂龙悦湾酒楼。在刚出炉的顺德十大创新菜展台前，刚果驻穗领事馆女商务领事反复观摩无骨鲫鱼这道菜，流连忘返。当时，像刚果女领事那样痴情的观众还大有人在。

究竟这道无骨鲫鱼为何这样富有魅力？这还得从头说起。

无骨鲫鱼是2011年初推出市场的。当时刚接手管理食肆肥锡农庄的雷公正在琢磨创制招牌菜。雷公真名罗惠全，他吃遍了佛山的菜馆，被称为“九段吃货”“顺德食胆”，同时他还是一位文艺中年、网文写手。他从民国时代上海著名女作家张爱玲的作品中知道她有人生三憾：鲥鱼多刺，海棠无香，《红楼（梦）》未完。雷公心想，在我们珠三角有一种鲫鱼，它比鲥鱼（俗称“三鯬”）肉更鲜而骨更硬，何不先拿鲫鱼“开刀祭旗”呢？雷公从鲫鱼粥的做法上得到了启发：如果把鲫鱼骨肉分离，分而治之，鱼脊肉切薄片，用于打边炉（火锅），涮熟后拌姜丝吃；余下的鱼骨和鱼卵分别烹饪，一鱼多吃。这样不就可以了却张爱玲式的遗憾吗？于是就有了无骨鲫鱼的第一招：清水涮鲫片。正是：

银刀细切疾如飞，金缕满盘雪满几。

了却玲姑心底憾，蒸煎涮炸总鲜肥。

不久到了盛夏，打边炉的食客大减。雷公随机应变，又推出了无骨鲫鱼第二招：虫草花清蒸鲫连片。如今我们见到的是第三招：剜出肥美的两大块脊腩肉（而与鱼身相连），加以薄切细脍，左右展开，恍若展翅翱翔的双飞翼，与鱼骨架同蒸一碟。

经此几番改良，无骨鲫鱼更趋完美，更受广大食家欢迎，先是获评凤城招牌菜，继而跻身2017全民最爱顺德十大创新菜之列。最近，雷公饭堂的无骨鲫鱼更是赢得了第四届佛山名菜的殊荣。

新《顺德县志》介绍顺德食鱼八法之“全食”时，举例说：“如将抹盐蒸熟的鱼（以鲩鱼和鳙鱼为主）配上酸荞头丝、酸姜丝及酸甜芡汁，则为五柳鱼，也很常见。”可见，五柳鱼是颇具地方特色的一道顺德菜。

五柳鱼是一道极富文化韵味的名菜。所谓“五柳”，是用五种可作烹饪鱼类的辅料切成细丝，取柳丝长、柳叶细之意。同时因东晋时的田园诗人陶渊明自号“五柳先生”，以“五柳”命名菜肴，显得高雅并富于诗意。据考，顺德五柳鱼源于杭州的西湖醋鱼，西湖醋鱼据传是宋嫂为给小叔子治病，将西湖草鱼加醋加糖烧制而成的，后来成了杭州名菜。随着宋末江浙厨师因逃避战乱南迁，西湖醋鱼传到珠三角。以水产养殖业发达著称的顺德龙江、南海九江一带的群众在西湖醋鱼的基础上，加入了“五柳料”——瓜英、锦菜、红姜、酸藠头、白姜等酸味辅料，使菜肴更加可口醒胃。

烹制五柳鱼，除了《顺德县志》所记载的蒸制之外，还有油浸（《顺德菜精选》有记载）、汤浸等法。据顺德食家介绍，汤浸前用油捋过鱼身，可避免鱼受热脱皮。浸时用鹅卵形大盆，盛仅微沸的姜片水（用以辟腥），浸至水温下降就要换水，直至把鱼浸熟，再加五柳料，挂“牛头大芡”（量多），讲究大甜大酸大咸，勾芡时可加番茄酱，避免鱼呈死白色。

五柳鱼沿西江而上传到广西，被改成水浸五柳鱼；经南海籍清末官僚谭宗浚父子北传，成了北京谭家菜中的五柳鱼。

有诗咏五柳鱼：

宋嫂鱼香满食坛，撩人食欲味甜酸。

还添五柳丝千缕，直引陶诗上箸端。

五柳鱼

顺德鱼生（大良鱼膳私房菜提供）

顺德鱼生

顺德鱼生被选为 2015 全民最爱十大顺德菜之一，可谓众望所归。

鱼生古时称“鱼脍”。吃鱼生是古南越人和古疍民“生食”的遗风之一。据考，唐代有一种叫“风生水起”的吃鱼生方法，即把生鱼片与多种配料放入一口大钵内，食者合力拌匀，然后齐呼：“捞起捞起，捞得风生水起！”最后分而吃之。这种吃法在顺德传承至今，并在美食节上作为揭幕式的“开场锣鼓”加以艺术演绎。

顺德是“南越之雄”吕嘉的故乡，对南越食俗继承最多，它又是广东塘鱼最重要的产区，自古就有吃鱼生的习俗。顺德鱼生与日本刺身被视为当今世界两大食生流派。跟日本刺身相比，顺德鱼生比较大众，所选主料多为淡水鱼片，而配料调料不下 20 种。比较卫生的吃法，必须有来自中国桂林或

鱼塘公鱼生（有腥气都市农庄提供）

越南的优质肉桂末，据说肉桂那既甜又辣的气味会把鱼肉中的寄生虫杀死。捞顺德鱼生不可或缺的搭配饮品是酒，压席的是白果腐竹明火白粥。顺德名医兼制药家梁培基在民国时曾创“卫生鱼生”捞法。据《粤菜溯源录》记载，这种“卫生鱼生”的主副作料、味料、香料有时多达 108 种，其中醋、酱、盐、糖就各分 4 种浓淡程度。捞的程序有严格规定，马虎不得，并由专业厨师参与宰、切、洗、片的工作，其中用于洗作料的凉开水就有几大缸。这种“卫生鱼生”据说“可免惹肝虫病”。如今，顺德一些食家为了吃得放心，改用没受污染的深海三文鱼（号称“冰海鱼王”）作脍，洋为中用吃鱼生。

在食味上，日益与日本刺身相融合，将鱼片蘸日本刺身专用香油、日本青芥末、日本酱油，让辛辣直冲鼻翼，鲜美盘旋舌尖。正是：

顺德鱼生的美味故事

赤玉晶莹排雪上，丝丝片片竞翻开。

拿来北海鱼王脍，作我风生水起材。

附　顺德鱼生一段“古”

顺德均安仓门梅庄欧阳公祠是省级历史保护文物，祠正中挂的“绍德堂”横匾金光灿灿。“绍德堂”三字沉稳厚重，雍容大方，是清代探花李文田手迹。大家若细心察看，会发现横匾上有三个印章，两个落款章，分别是“臣文田印”“仲若”，一个钤首印，内容是“御赐味道之腴”。说起这个印章的内容，引出了顺德的美食——鱼生的一段“古”（故事）。

话说当年李文田高中探花后，留在京城做官，南人北地，饮食文化迥异，一两个月还无所谓，时间一长，这位顺德探花就开始想念家乡的味道了。李文田把自己的心思与仆人黄璋一说，马上得到响应。黄璋就把自己在顺德任大厨的黄姓亲戚引荐到李府做家厨。这位大厨的厨艺确实了得，特别是对于鱼的烹饪，其中拿手绝活就是鱼生。对于顺德的美食，特别是鱼生，士大夫们吃过后都赞不绝口。翁同龢在其日记录有“吃鱼生甚妙，馀肴精美”之语。后来成为李文田亲家的张荫桓还专门叫家厨过来学习，把鱼生及鱼生粥的制法一一录去。

“顺德鱼生有特色”在京城里的士大夫之间传开了，后传到了慈禧太后的耳里。众所周知，这位太后既是位权术高手，又是

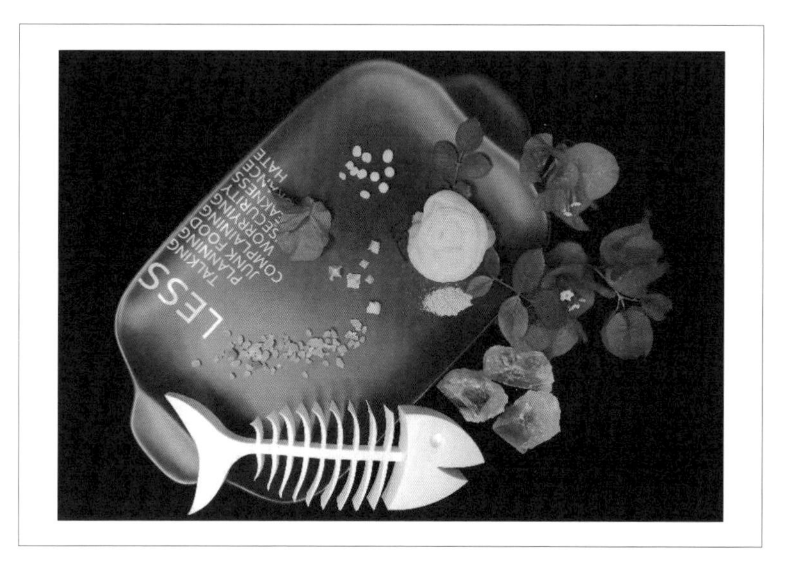

位美食专家，为了笼络人心，时不时赏赐大臣与她一起吃饭、听戏。李文田能入值南书房，学问、人品肯定是在翰林里千挑万选出来的，所以对李文田的笼络也不例外。能与太后在宁寿宫一起吃晚饭听戏，就是天恩，所以得到御前献技的旨意后，李文田精心准备，好让顺德美食在太后面前大放光彩。

文田公的文采出众，口才了得。听着李文田介绍鱼宴菜式里的故事，看着黄厨师叹为观止的绝妙刀工，品着“晶莹剔透、爽甜嫩滑、清凉冰爽”的鱼生，慈溪太后凤心大悦，宴后御笔题写“味道之腴”，并叫人做成牌匾赐给李文田。文田公很重视这个恩赐，除了择吉日把牌匾挂起来外，同时还刻了“御赐味道之腴”的印章以作纪念，在其书法作品中作“钤首印”应用。（选自《寻味佛山》，甘绮霞主编，羊城晚报出版社，2013年出版。收入本书时作了删节。）

顺德鱼生（皇帝酒店提供）

松子鱼

话说20世纪60年代初，顺德籍粤菜大师、广州北园酒家特级厨师黎和师傅，在北京看见江浙同行表演烹制松鼠鱼特技，十分赞赏此菜的刀工、火候都非常讲究，造型美观，于是萌生了移植的念头。黎和是一位善于创新的“大方家”，据不完全统计，黎师傅共创新菜肴近300款。他考虑到广东人不以“鼠”字上筵席菜单这一传统习惯，一心避开“鼠”字。经过精心改进，黎和师傅在保留了松鼠鱼刀工精细的特色同时将松鼠鱼改成松子（松果）形。他把宰净带尾鳍的两边鲩鱼肉，用刀改成“人”字形花纹（但不切断鱼皮），加味料腌过，再加入蛋浆，拍上生粉。然后用猛火烧镬下油烧到油沸，放入鲩鱼肉浸透，然后炸到鱼身硬，捞起去油放于碟上，煮滚糖醋芡，淋在鱼肉上，用炸好的三色蛋丝围边。鲩鱼肉经过油炸，鱼皮紧缩，鱼肉膨胀，因而皮朝里而肉向外，宛若一颗金灿灿的巨型松果，两片鱼尾鳍恰似两簇松针，称为松子鱼十分形象。此菜外松里嫩，甘香酥脆，甜酸醒胃，因而深受广大食客欢迎，连朝鲜、日本的食客及许多欧美人士也很爱吃，成为北园

古法松子鱼

松子鱼的美味故事

十大名菜之一。其后，松子鱼传回顺德，登上了酒楼的筵席。有诗咏松子鱼：

硕果香酥灿灿然，松针两簇诱鱼鲜。

焉容鼠辈登高席，却引珠玑落盛筵。

20世纪80年代初，松子鱼衍生出瘦身版，即把原条上碟改为小件装盘，且保留了松子鱼的风味。鱼块形似菊花，色泽金黄，又保留了其始祖西湖醋鱼的酸甜味型，故称西湖菊花鱼。此菜适应了散客的品尝需求，特别适宜于招待习惯以刀叉取食的外宾，很快就成为顺德乃至广东的一道名菜。

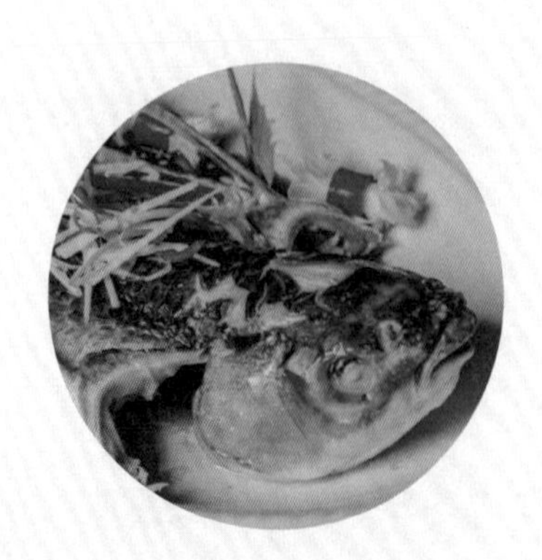

太阳鱼

（何定文烹制、摄影）

太阳鱼

姜葱作伴清晖绽，腩展飞扬破浪开。

顺德厨师施妙手，鲜鱼尾尾日中来。

这首美食竹枝词描绘的是顺德传统名菜太阳鱼栩栩如生的活泼形象。

太阳鱼的创制者霍尧，长得高而偏瘦，背部有点佝偻，绰号“驼尧”，师从“民国御厨”彭煊（“金眼煊”）。满师后，霍尧先后在大良碧鉴路“吉记”、升平街“发记”小试牛刀，抗战胜利后，与师傅“金眼煊”合作经营银龙酒楼，“金眼煊”专事调和鼎鼐，霍尧负责操刀切配。中华人民共和国成立后，霍尧一直活跃在大良餐饮名店，由凤城第二食堂到第一食堂，又到顺德中旅餐厅。20多年的磨练，让他的刀法臻于炉火纯青，切片薄如纸，切丝细如发，连“粤菜状元”龚腾也夸他“刀工好”。他候镬烹炒的功力也因长期淬砺而大增，与刀工成为一双强劲的辅翼。这为他创制名菜太阳鱼奠定了技术基础。

话说“文革”时期，“红太阳”崇拜意识流行一时。一天，作为大良镇第一食堂老厨师的霍尧想用一道菜来表达对“红太阳”的崇敬。他从顺德民间蒸鱼经验中受到启发，灵感忽涌。他把鲜活鲩鱼从颔下至腹部剖开，展开两边鱼腩（腹），让鱼背朝天竖立着蒸，用姜丝、葱丝给鱼围边，模拟太阳光芒照射模样。他把这款创新鱼肴命名为“太阳鱼”。

此菜虽是“文革”期间的产物，但因鱼肉清鲜，造型优美，至今仍深受广大群众喜爱。太阳鱼的亮点并非“太阳的光辉”，而在于竖蒸的独特造型改变了以往蒸整鱼侧身平卧的僵硬姿态，给人以生猛鲜活的印象，极具开创性。霍尧师傅竖式蒸制的太阳鱼，比美食散文家沈宏非于2001年在成都首次见到的“立鱼”早了近40年。

顺德人爱吃肥美的鳙鱼头，鱼头菜丰富多彩，从洋溢着民俗色彩的均安太公鱼头，到粤剧名伶马师曾父亲常吃的鱼头魂羹，不可胜数。邑人梁昌、廖锡祥编著的《鱼头菜》载有250多道鱼头菜，其中绝大部分是鳙鱼头菜式。专家认为，顺德鱼头煲是具有里程碑意义的一道名菜。

顺德鱼头煲上承著名粤菜郊外鱼头。几十年前，广州小北郊外有茶寮酒肆，附近有菜地鱼塘。厨师就地取材烹成鱼头煲飨客，人称“郊外鱼头”。后来，郊外鱼头被顺德籍粤菜大师黎和改良，主要是把配料豆腐、猪瘦肉改为鱼腐、叉烧片，再加上菜胆、香菇、炸蒜肉，使菜式更臻善美，成为北园酒家十大名菜之一。20世纪60年代，陈毅元帅路经广州，曾点吃此菜。黎和师傅把从越秀公园人工湖捞上来的大鱼精心焖制，陈毅元帅尝后称赞备至。20世纪90年代，顺德厨师改进了郊外鱼头的制法，主要是先把鱼头炸至金黄酥香，逼出水分和腥味，然后在瓦锅中加入浓香的磨豉同焖，焦香中煏出鱼头的鲜味，而辅料与上汤同焖，让多种鲜味成分互相渗透、交融，形成了味香浓、质焓滑的佳肴，难怪《中国食品报》称此菜“做得十分经典，代表了广东风行的制法”。

顺德鱼头煲下启砂锅大鱼头、什锦鱼头煲、汾香鱼头煲、凉瓜鱼头煲、黑椒鱼头煲、沙嗲鱼头煲等新潮炸焖鱼头的系列菜式，的确是一个“继往开来的标记性的菜式”（见《中国食品报》）。

有诗咏顺德鱼头煲：

宝汉寮边旧酒楼，昔年曾此品鱼头。

重来已觉浓香减，岂似厨乡味一流？

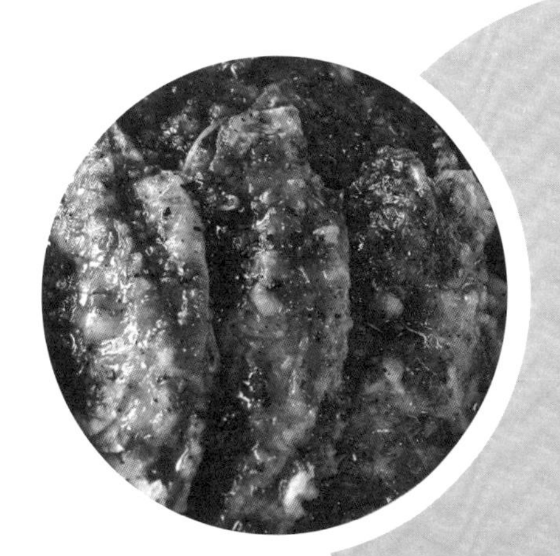

顺德鱼头煲

菊花榄仁蟹肉鱼肚鱼蓉羹

菊花榄仁蟹肉鱼肚鱼蓉羹的美味故事

不久前，“中华老字号传承创新先进单位”黄但记出品的“菊花榄仁蟹肉鱼肚鱼蓉羹”荣获“十大佛山名菜”称号。其“创新而不失传统口感和味道”的口碑很快就在食界广为传诵。

黄但记是陈村粉创始人黄但老先生于1927年创立，至今已有92年历史。黄但不仅精于制作粉食，而且有一身好厨艺，他年轻时曾在茶楼跟随从广州回来的伯父学厨。每年秋天，他都精心烹制太史蛇羹自娱和飨客。太史蛇羹由“广东食圣”江孔殷太史亲创，用五种名贵蛇肉拆丝，与鲜菇、云耳、菊花、生粉共烩而成，还撒上薄脆、柠檬叶丝、陈皮丝、大白菊花瓣等芳香佐料。近百年间，太史蛇羹一直被奉为粤菜经典。

菊花榄仁蟹肉鱼肚鱼蓉羹（黄但记提供）

黄但后人黄汉标先生是当今黄但记的掌门人。他鉴于部分年轻人视蛇为野味而不愿染指，不少外省食客更是谈蛇色变，为迎合现代饮食习惯和消费心理，他融合太史蛇羹和顺德鱼蓉羹的精华，加以传承创新而不失原来的美味。经反复尝试，不断改进，使用山坑鲩为主料，将其腩肉边略煎，去骨拆蓉，汤汁留用，加入了蟹肉、鱼肚以增鲜味，加入冬瓜粒、鲜菇粒以添清爽，伴加西山榄仁使口感爆香，还用千年花乡陈村盛产的大白菊花瓣和柠檬叶丝带来清香之气。此羹味道鲜美，清香不腻，口感层次丰富，男女老少咸宜，因而甫一面世便广受食客欢迎，旋即跻身佛山名菜之列。有诗赞菊花榄仁蟹肉鱼肚鱼蓉羹：

太史名羹“龙”化羽[①]，厨都巧馔鲩当家。

八珍共烩融和菜，食苑飘香绽艳葩。

① 龙化羽，指蛇肉被取代。粤菜称蛇为“龙”。

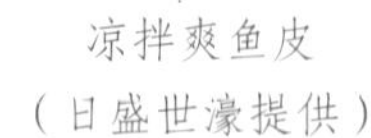

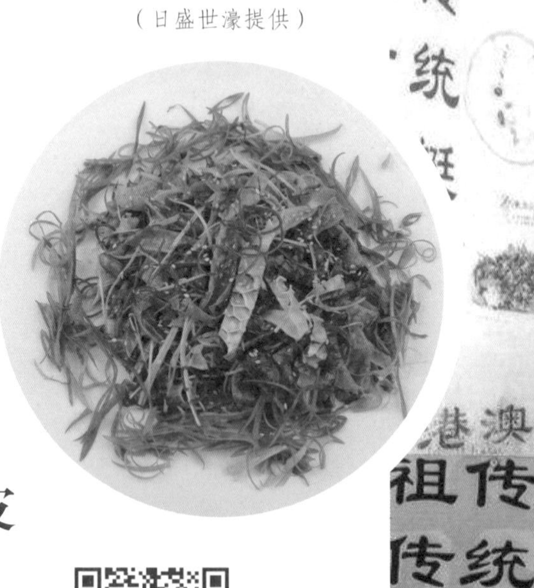

凉拌爽鱼皮
（日盛世濠提供）

凉拌爽鱼皮

凉拌爽鱼皮
的美味故事

美食散文家沈宏非指出：“顺德传统小食爽滑鱼皮即粤人的鱼皮杰作。”凉拌爽鱼皮是将淡水鱼鱼皮稍煮，加入姜、葱去腥后即予上桌，佐以姜、蒜、芝麻油、醋，是夏日美食佳品。凉拌鱼皮还有一个美称：“寒衣织锦”。说的是凉涔涔的鱼皮与黄灿灿的姜丝纵横交织，像是金色纱线织成的寒衣，真是惟妙惟肖！食家认为，用凉拌鱼皮与富于岭南水乡特色的艇仔粥同吃，简直就是天造地设的绝配。有诗咏凉拌爽鱼皮：

鱼皮爽脆拌姜丝，宛似金纱织锦时。

艇上同餐糜更好，天成绝配两相宜。

《食在广州〈岭南饮食文化经典〉》一书评中有论说：“凉拌爽鱼皮可算是‘粗料精做，化腐朽为神奇’的典型菜例”。该品最早由顺德人创制，故亦称顺德爽鱼皮。现在把“凉拌爽鱼皮”做得响当当的，当数隐藏在广州西关深巷中的正宗顺德爽鱼皮专卖店——陈添记。陈添，顺德

陈村人，出身餐饮世家。早在20世纪40年代，他就继承父业，把家乡的拿手好菜爽鱼皮带到广州，在西关创办了“陈添记食家”。几十年来，陈添一直坚持用祖传的方法：手工起皮，铲去残肉，腌制，焯水后冰冻，再拌以姜、葱、芝麻、家传秘制酱油，做出的鱼皮爽而不腥，香滑清鲜，富于鱼味，是一流的冷盘菜。20世纪90年代初，陈添记成了广州第一家爽鱼皮专卖店，很多人慕名前来围在店前排队轮候。在广州美食节期间，该店一天就卖出近150千克爽鱼皮，并拿了个大奖。连来自德国的一位市长也不惜降贵纡尊，亲自到陈添记档前试吃爽鱼皮，吃后还不忘买几盒带回去细细品尝。

容桂“鱼皮祥”是一家三代卖艇仔粥的食店，“鱼皮祥”的七彩捞起鱼皮曾获中华金牌菜美誉。此菜用鱼皮，配以海蜇丝、猪肚丝、酸姜丝、北极贝等近十种配料拌和而成，成菜鱼皮爽脆，配料健康开胃。

无骨大鱼

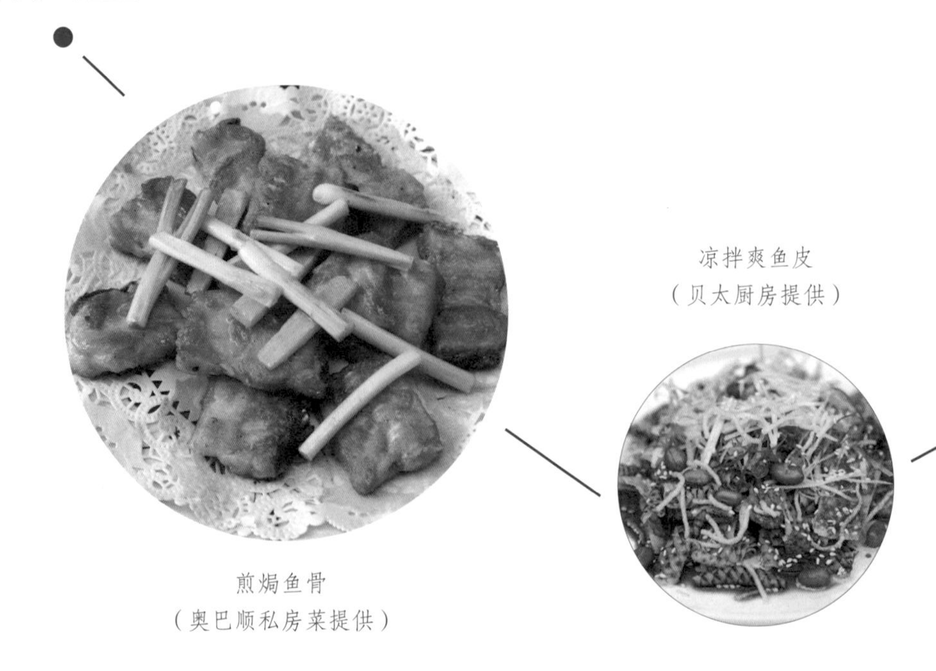

凉拌爽鱼皮
（贝太厨房提供）

煎焗鱼骨
（奥巴顺私房菜提供）

著名美食散文家沈宏非说过："天下最会养鱼烹鱼的，莫过于顺德人。"近年来颇为流行的无骨大鱼系列菜就是顺德人烹鱼绝技的集中体现。

选用10斤左右的水库大头鱼，低温扣养5天，让鱼身肉质更结实。把鱼治净，在15～20分钟内把鱼去骨去皮，起出晶莹透明的鱼背片供涮（在微沸的"虾眼水"中，收慢火浸25秒）食，鱼片鲜嫩爽滑，是为无骨鱼片。剩余部位，鱼肉碎屑做成鱼蓉粥；硕大肥美的鱼头以剁椒蒸；鱼骨或焗或酥炸，悉听尊便；鱼肠煎蛋；鱼皮凉拌。一鱼多吃，几无浪费，显示顺德人既"识饮织食"，又"惜饮惜食"。

说起无骨大鱼的由来，不能不提到勒流黄连原祥顺酒楼店主曹顺文。该店一是店面陈旧，二是无整体大堂，三是无停车位。这些劣势，倒逼曹顺文走"出口创新"之路。他听前辈说起同乡女企业家陈霜银（人称"大家姐"）在大良阿二靓汤当经理时曾推出过美食鳙鱼宴的故事，颇受启发，心想：何不

剁椒蒸鱼头
（奥巴顺私房菜提供）

无骨鱼片
（奥巴顺私房菜提供）

做一鱼多制，充分利用一条鳙鱼全身的价值，以获取更多的利润呢？于是，他摸索着试制一鱼四食、五食、六食，甚至七食，最终优选确定六食的模式。一个偶然机会悄然来临。顺德电视台《食出一百分》栏目监制蔡颖仪小姐路过黄连，见一鱼六食甚有特色，便拍摄了美食节目播出，观众反应热烈。不久，美国总统奥巴马上台，曹顺文因貌似奥巴马而被称为“总统奥巴顺”，并成为“网红”（网络红人）。中央电视台纪录频道又把曹顺文的无骨鱼送上了风靡全国的《寻味顺德》电视节目。曹顺文还用无骨鱼参加多项烹饪大赛并夺得多奖。他因势利导，向国家工商行政管理局注册了“奥巴顺无骨鱼”商标。无骨鱼遂成为著名品牌。有诗咏无骨大鱼：

调和鼎鼐运神功，焖炸蒸煎技不同。

满目琳琅鳙盛宴，一鱼多食味无穷。

无骨大鱼的美味故事

桑拿鱼

桑拿烹调法的灵感来自北欧的桑拿浴，正宗做法是石烹，即把食材拉油后投入烧至灼热的石子（多用雨花石）上，溅入汁酱和汤水，使其产生蒸汽，让食物致熟并喷出香气。

最擅长烹鱼的顺德人，对桑拿鱼的制法做了不懈的改良：从前期的溅酒焗、汤汁焗，到近期的回归于蒸。在蒸的过程中，不用盘碟盛装，而在锅上置蒸盘（开有许多圆孔），铺上一层瓜菜，然后把

腌制的鱼块摆在上面，蒸时上下均有热气夹蒸，所以只需两三分钟便可食用。

《寻味顺德》拍摄团队力荐的阿多私房菜馆以桑拿鱼和桑拿鸡为主打，做得十分专业。该店掌舵人阿多从6岁起入厨做饭，曾随在香港经商的叔父在顺德、广州等地寻访美味食物。阿多长大后专攻陶瓷工艺，对烹器的形制和功能有精深研究。从2012年起，阿多因兴趣转而投身餐饮业，先后经营过醉鹅和无骨鱼。他从当时尚属粗放型的隔水蒸鸡得到启发，领悟到要让人第一时间享受到食物最美味的瞬间，不仅要把炉具直接搬到餐桌上，而且要用拱形（能容纳较多蒸汽）玻璃盖，让食客能看到鱼片因受热蛋白质凝固而挺身并卷起，以便在其恰熟时及时关火，不让它因过火失水而疲塌，渐失鲜味。正如清代美食家李渔所言："鱼之至味在鲜，而鲜之至味又只在初熟离釜之片刻。"经反复测定，阿多优选出隔水蒸的最佳时间为1分30秒。这时的鳙鱼片最嫩滑、雪白、清香，最能展示鱼的本质、本色、本味！来自另一世界美食之都——成都的美食家品尝阿多的桑拿鱼后惊讶地说："万万没想到这会是花鲢（鳙）的本味，想来'鱼之庸常'这名是因烹调不当误得的。"

桑拿鱼
（阿多私房菜提供）

有诗咏桑拿鱼曰：

玻璃拱盖看分明，隔水蒸来丽质清。

热气充盈鱼片挺，人间至味霎时成。

特色大盘鱼

特色大盘鱼的美味故事

青花大轿四人抬，凛凛鱼王驾雾来。

蟹将虾兵争簇拥，欢声阵阵动春雷。

这首诗描写的是容桂街道某河畔农庄特色菜顺德大盘鱼“出场”时的动人情景：直径近 1 米的仿大明宣德青花龙穿云纹菱花盘口大碟，盛着 8 千克重的水库大头鱼，还有猪肉、蚬、虾、蟹、酿莲藕、菜心等多种辅料，由 4 个大汉抬着闪亮登场，引得一众食客欢声雷动！

这就是堪与均安蒸猪媲美的豪放派杰作——特色大盘鱼。此菜的推出是顺德土著的远祖百越人彪悍血性的隔代相传和迸溅！卖点是场面宏大，料多量大，众味融合；难点在于多种不同质地的食材同一时间恰熟上桌，食材初加工的分别恰到好处。

四位大汉抬大盘鱼（容桂照华农庄提供）

特色大盘鱼
（容桂照华农庄提供）

我们更常见到的是锡纸大盘鱼，它的创新理念或许来自铜盘锡纸焗鸡。金属做的大盘有其独到之处。传统的铁板烧，传热快，散热也快，上桌后的菜肴骤冷色泽暗淡，香气迅速散失。有金属盘边的呵护，更有锡纸的包容，大头鱼与各种水产蔬菜辅料热气腾腾，香气氤氲，美味交融，确实是水乡风味菜之集大成者，且又主次分明，远非囫囵混杂的“一品锅”可比。

顺德人对鱼类食物有着天然的眷恋，尽管时下各色菜种争相迸发，但关于鱼的演绎，顺德人却从未停下脚步。大盘鱼是先辈们多年前的创造，那是南方鱼米之乡的韵味所在，而如今四人抬特色大盘鱼更将海鲜家鱼时蔬肉食混编于一起，欲把顺德菜基鱼塘的产品来一个大展示，把顺德菜的清、鲜、爽、嫩、滑一并展露。这种创意来源于容桂照华农庄。

火焰鱼

欢腾烈焰舐鲜腴，酒味香醇试却无。

最妙随烟腥尽去，鱼含玉液润如酥。

在2017世界美食之都顺德美食节期间，一批马来西亚华侨到容桂餐饮名店瓦岗寨，兴致勃勃地观看“寨主”表演火焰鱼的烹制。

这道火焰鱼的主料是顺德四大家鱼之一的大头鱼，主要调料是顺德大红米酒。顺德大厨的经验是：顺德美食还是要用顺德酒来调味。制作时，把治净的大头鱼吸干水分，放在不粘锅上煎香。把姜、葱、蒜等放到锅里爆香，然后起锅放在煎好的鱼上。将适量顺德大红米酒倾倒进去，盖好锅盖。约20秒后，点火，转瞬间，蓝色的火焰熊熊燃烧，就像蜿蜒舞动的一条火龙（所以，火焰鱼也称“火龙鱼”），博得观众兼食客的齐声喝彩！

火焰让酒精挥发，带走了大头鱼中的腥味小分子。焗上大约1分钟，去掉酒味剩下汁液便大功告成。

相传，当年有一群顺德老头儿聚餐，他们捧着鸡公碗喝大碗酒，一个鱼塘公不慎把一碗红米酒倒入一锅正在焖制的大头鱼中，几分钟后，人们闻到了一阵异于往常的香味，吃起来鱼肉格外嫩滑，还带些许酒香，席间人人惊为美味。其中一个喜爱红米酒的老汉将这个故事默记于心。他把西江长吻鮠煎香，放入一整瓶红米酒和秘制酱汁，加盖点火，火苗迅速蔓延，形成一圈蓝色的火焰。随着持续加热，锅内飘出阵阵鱼香、酒香。凭着这一道火焰西江吻鱼，这位名叫张盛华的顺德老人开了一家饭店，这便是容桂的瓦岗寨。

火焰鱼曾先后获得“2007顺德金奖菜”和“2017全民最爱十大顺德创新菜”的殊荣。

火焰鱼（容桂餐饮行业协会提供）

鱼塘公焖大鱼

鱼塘公焖大鱼（日盛世濠提供）

鱼塘公焖大鱼是一种返璞归真的烹鱼方式，取法于过去鱼塘公那土得掉渣的做法。

鱼塘公即养鱼专业户。近水识鱼性，鱼塘公不但对塘鱼的生活习性、肉质味性了如指掌，而且练就了精湛的烹鱼技艺，正如美食散文家沈宏非所说，“天下最会养鱼烹鱼的，莫过于顺德人”。养烹兼擅，则非鱼塘公莫属。鱼塘公坚守“吃鱼重新鲜”“食鱼求本味”的理念，并为此坚持用最原始、最自然、最健康的方法烹鱼。改革开放前，鱼塘公拉罟捕鱼，把捕捉到的第一条大鱼留给自己吃。在鱼塘边垒起灶台，架起大铁镬，用桑枝或蔗壳做燃料，将鱼即宰即焖，然后围炉大嚼，举碗痛饮，气氛浓烈。

经过二十多年对高档菜肴、外国风味的追求后，很多食客因吃腻了精细菜而移情并开始钟情于农家菜。对食风食潮十分敏感的厨师为了适应食客的新口味，转而把模仿的目光移到鱼塘公身上。据记载，顺德首家提倡焖大鱼食法的饭店是位于伦教大洲码头附近的潮记海鲜饭店。把大镬焖鱼引向酒楼宾馆高级筵席的，是顺德十大名厨之一的李灿华师傅，他创制的鱼塘公焖�鱼（斑鳠）成了中华餐饮名店凤城酒店的招牌菜，该菜在1997年获凤城美食节一等奖和2002年凤城美食旅游嘉年华金奖。据说，广东电视台以台长为首的摄影组到凤城酒店制作美食专题片，台长在品尝了鱼塘公焖鮰鱼后连声赞叹：“鲜美之极！”其实，李师傅就是妙用了鱼塘公的土法，加上点新鲜瓜菜，把鱼块焖至七成熟，连镬带炉一起端上桌，供食客焖着吃，哪儿先熟吃哪儿，吃其新鲜，吃出情趣，享受回归自然的乐趣。正是：

镬焖肥鱼溢土风，佳肴创自养鱼工。

农家食味醇而厚，把盏围炉火正红。

涟漪涌动口生津，水米融融粥味醇。

一涮山塘鳙脊片，便成香吻两朱唇。

这首诗吟咏的是粥水浸啜鱼。

啜鱼是最具特色的顺德鱼吃法之一，就是将原条鳙鱼去头、去尾、去腩（腹），单取鱼脊，用直刀法切成厚约 2 毫米的片，令鱼肉中的细骨尽皆切碎，使吃时感觉不到鱼骨的明显存在。用来打火锅，说也奇怪，把腌好的鲜鱼片往微沸的水或粥里稍涮，便会形成 4 个对称的小鼓起，看似准备接吻的嘴唇。啜鱼清甜爽滑，肉质嫩，味鲜美，形奇特。

浸啜鱼是由浸滑鱼演变而来。顺德的鱼塘公把塘鱼交鱼栏（鱼类交易所），介绍出卖后，时近中午，便从活水艔船的船舱中，捞出留下的鲜鱼，切件，浸熟而吃。《顺德县志》记载："将鱼带骨切成骨牌大小，调味后以生粉拌匀，放进沸汤锅内浸熟，蘸豉油、熟油和姜丝、葱丝吃，香滑可口，俗称'浸滑鱼'。"

鳙鱼肉质粗劣，李时珍释名时说它"盖鱼之庸常"，但经巧手加工，主要是均匀切片，加入精盐腌过，然后用水冲洗，放入盆内再加精盐、胡椒粉、白糖、鸡精、香油、鸡蛋清、生粉拌匀，使鳙鱼金钱片变得嫩滑鲜甜。

据了解，约在 1994 年，容奇和均安两家食店，各自率先把浸啜鱼推出餐饮市场，很快就引来大量模仿者。均安最早经营啜鱼的食府是强记食店，又称幸运楼，店主是仓门村人欧阳广强，人称"啜鱼强"。

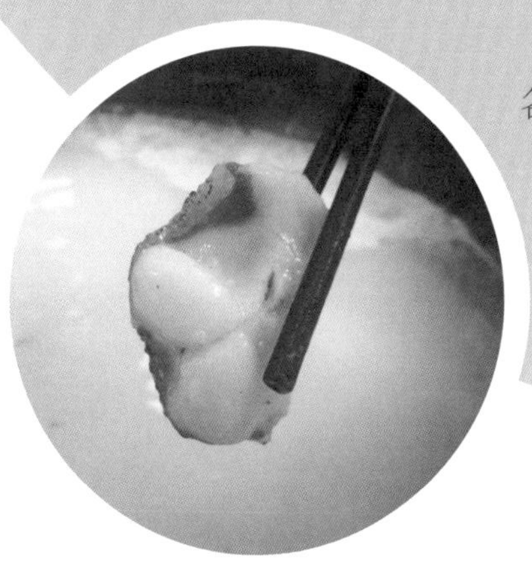

• 浸啜鱼

浸啜鱼（大良雷公饭堂提供）

煎焗鱼嘴

煎焗鱼嘴（东城酒楼提供）

鳙鱼味美在于头，枕骨冥顽不可留。

精选颊唇煎后焗，鲜香嫩滑悦君喉。

鳙鱼又称大头鱼，是顺德四大家鱼之一。明代李时珍说它是“鱼之庸常”，但“其头至美”，特别是斩除干硬无肉的枕骨之后精选的“鱼嘴”，由于取食、吸水而处于不断运动状态，故特别可口，包括又肥又嫩的鱼唇，雪白如玉的脸颊肉和软滑无比的鱼头皮，如脂似膏的鱼云（脑髓），集食家的万千宠爱于一“嘴”！

顺德厨师用拿手的煎焗技法，“逼”出嘴内部的一些油脂，使其肌肉组织出现空隙，以便焗时能更多地吸收味汁。通过煎，让鱼嘴增添香气，产生酥脆的质感和金黄的色泽；焗，则可以让热力和味道深入到鱼嘴内部。

煎焗鱼嘴自问世即广受食客青睐。20 世纪 90 年代初，顺德名厨康海师傅在香港亚洲电视本港台的美食节目中，做过煎焗鱼嘴的示范，把这款名菜介绍给港澳及东南亚的千家万户。据《舌尖上的香港》一书介绍，香港最著名的顺德菜馆，包括名人坊高级粤菜（实力派富豪饭堂）、名门私房菜、顺德联谊会，无不以煎焗鱼嘴作为招牌菜，是贵客“必吃”“心仪”的“人气”菜式，几乎所有顺德菜烹饪高手，包括曾任富豪林伯欣家厨、米其林美食名店指南二星名厨郑锦良，咏春宗师陈华顺后人、顺德公渔村河鲜酒家老板等人，其拿手菜之一也是煎焗鱼嘴。在 2001 年台湾顺德美食节上，煎焗鱼嘴香飘宝岛。2012 年，煎焗鱼嘴被列入勒流四大名菜。2015 年，煎焗鱼嘴更被评为“全民最爱十大顺德菜”之一。最近，逢简水乡人家私房菜推出了“精装版”——煎焗鱼面珠（颊）肉。

榄豉蒸大鲮公

榄豉蒸大鲮公（日盛世濠提供）

2015 年 2 月 5 日出版的《南方都市报》刊登了大学教师龚慧枫的散文《舌尖上的春天》，文中称："从顺德人处学来的吃法，鳊鱼要用榄角去蒸，不但去腥，还能提升鱼的鲜味。"其实，顺德人不仅蒸鳊鱼，蒸鲮鱼、鲩鱼都爱配上榄豉。

榄豉呈角形，又称榄角。榄豉是乌榄果实"中断为二，去核，贮盐少许，捏合曝干"而成，可供膳用，"最解鱼毒"（清•潘恕《双桐圃集》）。由于橄榄先涩后甘，正如逆耳忠言，所以人称"谏果"。顺德人爱用拌上生抽（俗称"白油"）晒制而成的白油榄豉与大鲮鱼同蒸，榄豉切为幼条，用白糖拌匀，可减弱榄豉的咸度，带出鲮鱼的鲜味，与榄豉本身的苦涩味相融合，作用于鲮鱼，滋味更是特别。鲮鱼忌姜，所以要把陈皮丝均匀地放在鲮鱼的腹内、鱼身底和鱼身上，为鲮鱼辟腥。鲮鱼是顺德人最钟爱的家鱼，虽然总脱不了一个"土"字，但是据港澳民俗文化学者蔡珠儿的说法，鲮鱼是"粤人偏嗜之物"，它"衍发出特有的俗俚食风"，何况美味清甜，"食味比之咸水鱼石斑之类海鲜，有过之而无不及"（见香港钟庸《食疗药物》）。据顺德食家经验，用于清蒸的鲮鱼，以鲜活大鲮鱼为佳，顺德人亲切地称它为"大鲮公"。榄豉蒸大鲮公虽是家乡小菜，但小菜的意义不小，蕴含着岭南深沉的山水味。有诗咏曰：

白油榄豉谏官身，闪亮乌油蕴味深。

佐得鲮公登上席，家乡小菜值千金。

20 世纪 90 年代中叶，一位顺德厨师应邀到香港五星级的文华假日酒店做名菜示范时，就精心烹制了此菜，不仅赢得了赞誉，还夺得了金奖。

铜盘焗鱼嘴

信知阿二靓汤鲜，只惜庖厨太狭偏。

无奈移炉堂焗去，铜盘谱写创新篇。

这首美食竹枝词道出了顺德新潮菜铜盘焗鱼嘴问世的缘机。

说起“阿二”，顺德本土人脸上会露出含蓄的微笑，原来在粤语中，“阿二”指二奶。而阿二靓汤起源于香港，是一种品牌炖汤连锁店。传说二奶善于利用老火靓汤留住情夫的心，故以“阿二靓汤”做店名以作招徕。而铜盘焗鱼嘴据传是顺德大良阿二靓汤店创制的菜式。

大良阿二靓汤店位于顺德人民医院原址隔壁。由于该店厨房狭窄，应付不了颇为繁忙的烹调任务，只好把气炉和烹具搬到厅堂上，制作相对简捷的铜盘焗鱼嘴。谁知歪打正着，无意之中却创制了“堂焗”这一烹饪新形式。

铜盘焗鱼嘴（顺德渔村提供）

铜盘焗鱼嘴选用大头鱼的鱼头，留下眼以下部分，用调味料腌渍一下。在铜盘底扫上一层花生油，以防鱼嘴粘底。把一半姜、葱、蒜、红椒等配料铺在盘底，摆好鱼嘴，再把余下的配料均匀撒在面上，仿佛做“鱼嘴三明治”。这样处理，既可以把配料的香气带给鱼嘴，又能把鱼嘴保护好，防止被烤得焦黑。最后，加上一点芝麻油和姜汁酒，就可以用锡纸（铝箔）密封了。再经过几分钟慢火焗，一盘清爽甘香的鱼嘴便可飨客了。

家乡酿鲮鱼的美味故事

家乡酿鲮鱼

鲮鱼是顺德最负盛名的家鱼。粤菜大师车鉴这样评价鲮鱼，“纤维多而幼，水分少而味鲜，肉色白而嫩”，可惜“幼骨丝特别多”，民间有“鲮鱼好食刺难防”的谚语。为防止鲮鱼骨刺卡喉，顺德人想了不少妙法，其中最巧妙的莫过于烹制酿鲮鱼。

据传，清代顺德有一位自梳女，在扭计师爷家中做妈姐。扭计师爷的儿子是个智商不高而饮食挑剔的“奄尖”（挑剔）大少。为了满足“奄尖”大少爱吃鲮鱼的口腹之欲，又免其遭受“鲠骨”之苦，妈姐创造性地把鲮鱼剥出皮囊，起去其骨，酿回其肉糜，保持其形，加以煎焖，使鲮鱼扬长避短，创制了酿鲮鱼一菜。

粤菜专家认为，这个令鲮鱼脱胎换骨、改进滋味的构思闪耀着智慧的光芒，堪称一绝。而刀工精细则是第二绝。第三绝是酿馅煎熟后的慢火焖，让酿鲮鱼在原汁、二汤和味料的滋润下，在热力的

家乡酿鲮鱼（日盛世濠提供）

催动下逐渐成菜，各种呈味成分在鱼身上互相交融，形成了味道香浓、质地焾[1]滑的佳肴。香港美食家欧阳应霁把酿鲮鱼的奇妙概括为“把一条鲮鱼化整为零又回复饱满的戏法”，指出“吃的当然也是超越时空的心思和手艺”。

传统酿鲮鱼花样不断翻新，八宝酿鲮鱼、糯米酿鲮鱼、芋蓉酿鲮鱼、肉粽酿鲮鱼、巧仿酿鲮鱼、西式酿鲮鱼、香橙酸姜酿鲮鱼、鸳鸯酿鲮鱼……层出不穷。而家乡酿鲮鱼被评为2015全民最爱十大顺德菜之一。有诗赞美酿鲮鱼：

脱胎换骨见刀工，煎酿鲮鱼自不同。

但嚼无妨宜老幼，鲜甜可口味香浓。

① 焾：粤语词，亦写作“腍”，意为软熟。

绉纱鱼卷

绉纱鱼卷是一款已有百年历史的传统顺德名菜，起源于“南国丝都”年代。1958年，在广州华侨大厦中厨部掌勺的凤城厨师冯佐、梁成和李腾，为满足归国华侨品尝家乡菜的强烈愿望，精心创制了一款名菜“玉树绉纱卷”（菜远雅称“玉树”）。

绉纱鱼卷是受绉纱启发而创出。绉纱是织出皱纹的丝织品，以“绉纱”命名的菜品，其“皮”微起皱褶，作用是避免“皮”光滑的单调，而造成咀嚼时对牙齿的轻微反弹力，让舌头感到美妙的轻微触感，从而形成一种咀嚼的快感。另外，微起的皱褶，使芡汁容易挂附在鱼卷表面上。芡汁中淀粉受热糊化变黏，产生特殊光泽，

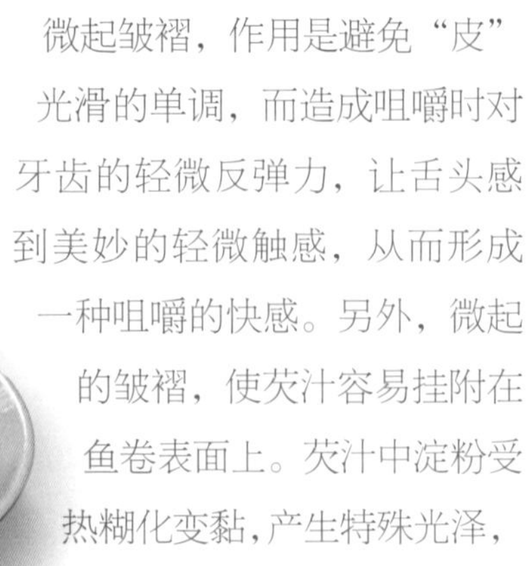

碧绿绉纱鱼卷（日盛世濠提供）

由于光的反射作用，勾芡后鱼卷变得光亮鲜明。美味的芡汁附在鱼卷上，也可以延长鱼卷在口腔的滞留时间并扩大与舌部的接触面积，增强了人对菜肴滋味的感觉。

制作起“绉纱”的“皮”最考刀工。要把鲮鱼青剁成蓉揉成团，切成厚片，放在砧板上，用刀身压薄成扁长方形，然后用刀刮起，使之成为绉纱纹片状。刀工稍差的人，刀下就是造不出“绉纱”的效果来。把卷“皮”制成后，包入冬菇条、火腿幼条、菜远各一条，卷成筒状，拉油炒熟，便成“玉树绉纱卷”。

“绉纱鱼卷”获奖无数，包括第五届中国烹饪世界大赛热菜金奖、全国中餐技能创意大赛热菜金奖，被媒体视为“正宗的家乡特色小炒”。

绉纱鱼卷的美味故事

有诗专咏绉纱鱼卷：

鱼胶碾薄皱为工，玉树金华伴作筒。

消费倘求高格调，鲈斑细斫更称雄。

茶蔗熏鲮鱼

据苏禹先生《碧江讲古》介绍，碧江这个中国历史文化名村，在历史上曾出现过几户大茶商，带挈了碧江茶文化的发展，人们由喜欢品茶，发展到喜欢引茶入菜，形成了独具特色的食茶传统。

碧江苏氏是当地一个望族。苏氏与原籍江浙的广州继园史氏是几代的亲戚，两个家族都讲究美食。他们用岭南特产鲮鱼、甘蔗、陈皮做原料，把江南的食茶文化融入菜肴中，创制出了一款兼容并蓄的菜式茶蔗熏鲮鱼。

茶蔗熏鲮鱼的做法是把削好的甘蔗条在铁镬中以“井”字形层层架叠起来，中空处放进滇红茶叶、陈皮和粗盐粒，将开膛治净的新鲜鲮鱼平铺在甘蔗架上，镬下用文火干炙，甘蔗受热馏出的甜汁溅到茶叶、陈皮和热盐上，化成含有焦糖、盐香、茶香、陈皮香气的混合热气，这热气慢慢把鲮鱼焙熟烘干，使不沾油水的鲮鱼吸收这几种香气却又不甜不咸，不粘茶叶，保留着鲮鱼的鲜

茶蔗熏鲮鱼（顺德渔村提供）

甜本味。喜欢味浓的，还可以用镬里烤过的茶叶、盐花研末相佐，下酒最妙。有顺德美食竹枝词咏茶蔗熏鲮鱼：

望族家肴制作工，茶香蔗润火微红。

华南食趣江南味，尽在银鳞数寸中。

茶蔗熏鲮鱼的美味故事

茶蔗熏鲮鱼不仅成为碧江苏氏的家传菜式，还传扬出去，成为在岭南颇有影响的风味菜肴。海南省五指山一带黎族同胞的茶香雪鲮、湛江风味的熏蔗汁鲮鱼与茶蔗熏鲮鱼都有着斩不断、理还乱的亲缘关系，而粤菜中的玫瑰蔗香鱼、玫瑰蔗香鸡、蔗香鲮鱼、巧制蔗香虾、新法茶香鸡、茶香鸡等，都或多或少受过茶蔗熏鲮鱼的影响。

银鲮粉葛本无双，下火舒心润胃肠。

巨鼎熬汤成一绝，厨师节上万人尝。

这首诗记叙的是2006年10月21～23日，第十六届中国厨师节在顺德举行，包括原国家商业部部长胡平在内的3.3万人共饮了用“亚洲第一煲”熬制的粉葛赤小豆鲮鱼汤。

这煲被誉为“第一汤”的顺德高水准老火靓汤，完全有资格载入顺德饮食史册。“亚洲第一煲”高1.68米（连盖），直径1.68米，可容水1.5吨，由有500年历史的南风古灶龙窑烧制，被载入吉尼斯世界纪录大全。顺德南国水乡渔村的大厨们广泛收集民间食疗经验，在此基础上敲定粉葛赤小豆陈皮煲鲮鱼作为“亚洲第一煲”的首款靓汤，由当时南国水乡渔村行政总厨李锦麟当煲汤操手。粉葛赤小豆鲮鱼汤最能代表岭南，特别是顺德水乡的本土风味。顺德的鲮鱼和粉葛的质量极佳。《广东新语》记载：“岭南之地，愆阳所积，暑湿所居，故入粤者，饮食起居之际，不可以不慎。”老火靓汤的功能“主要是用来与‘热气’作斗争的”（沈宏非语）。粉葛连皮切块，加旧陈皮耐火煲上4小时以上，至汤水变成浅黄色。加入赤小豆同煲，清燥解热兼有利湿之效。鲮鱼煎过后，与有甘凉散火作用的粉葛一同耐火煲汤，可以清除骨火。用于煲汤的鲮鱼，乡民多临时才到鱼塘捕取，用这种“鲜鲮鱼”煲成的汤水，不但味更甜，去骨火效力更佳。“第一汤”是很讲究的。在2016顺德美食节“鱼悦顺德”（夏秋）评选中，粉葛赤小豆鲮鱼汤入选十大鱼肴。

粉葛赤小豆鲮鱼汤
（北滘果然居提供）

菜远炒鲮鱼球（皇帝酒店提供）

生炒鲮鱼圆

杏坛人的高级喜宴上，不乏芝士焗龙虾、清蒸老虎斑等高贵菜肴，但总有一款看似“粗贱”的生炒鲮鱼圆，这是为什么？

新修《顺德县志》中写道：“剁食是将鲮鱼（鲩鱼、大头鱼亦可）的脊肉剁至糜状，加配料和生粉挞到起胶，再捏成丸状，名‘鱼球’”，“配其他作料煎、炆、炒、炸，皆成美食”。鲮鱼圆，可谓顺德的一颗美食明珠。有美食竹枝词咏鲮鱼圆：

霜刀细脍斩成蓉，单向挞来上百重。

若晓明珠鲮背出，何劳采贝浪涛汹？

生炒鲮鱼圆源于顺德“大耕家”手笔。经济作物区杏坛、勒流等地，“大耕家”从事多种经营，蒸酒、养猪、养蚕、养鱼集于一家。他们的雇工由于工种不同，下班时间不一，先下班的雇工就帮主妇做生炒鲮鱼圆，以便伙伴们下班后随时有菜下饭。渐渐地，做喜酒也做大盆生炒鲮鱼圆以备客人添菜，其优势是方便随时取食，宜于老幼，于是这款大众化的菜式就成了经典的顺德菜。

据传，当初生炒鲮鱼圆能登盛宴，与同治状元梁耀枢有关。梁耀枢，杏坛光华人。他父母早逝，得经商的堂兄资助，才能读书应考。所以从小便养成了克勤克俭的好习惯。他为官清正勤慎，慈禧太后当着南书房众位翰林之面夸奖他：“梁耀枢，金玉君子也！”此言传出后，同僚都尊称他为“梁金玉”。梁耀枢五十寿辰时，筵席上有生炒鲮鱼圆这一家乡菜，菜单上署“金玉满堂”四字，十分应景得体。消息传回杏坛，乡亲们纷纷仿效，而在喜宴上，此菜还寓“有缘（圆）有份”“花好月圆”之意，与“百子千孙”相呼应。

顺德“狮子头”（林潮带烹制，顺德厨师协会提供）

乐从鱼腐

鱼腐是乐从镇一带的美食，有关它的来历有个传说。据传，古代沙滘乡有个孝女，她常见老父因每日吃咸鱼青菜而郁郁寡欢，于是就想做出一种新的菜肴，好让老人家换换口味并且开开心。她从鲮鱼脊肉上刮出鱼青，加入配料和鸡蛋液，搅匀，捏成丸子，放入油锅炸至呈金黄色，最后烹制成菜。老人家品尝了这道新菜后，终于露出难得一见的笑容。很快，这种美食在当地流传开来并逐渐远播。乡亲们特意把这款美食叫“娱父”，就是娱乐父亲之意。由于这道菜的主料是鱼，形状又略似炸豆腐，后来谐音称为“鱼腐”。成书于清光绪年间的《美味求真》就已载有鱼腐一菜。

鱼腐色泽金黄，软滑可口，甘香浓郁，诱人食欲。它作为已炸熟的半成品，具有成菜快捷、组合性强、适应面广等特点，入馔最宜炆、酿、浸、烩，因此一直是乐从一带水乡菜肴主角之一。在乐从，但凡摆酒设宴，几乎必有鱼腐。在佛山名厨车鉴的《塘鱼百味》菜谱中，就有 10 款鱼腐菜肴，如“鲜奶滑鱼腐”“脆皮酿鱼腐”“三丝烩鱼腐”“郊菜扒鱼腐”等。鱼腐入馔可以提高菜肴的档次。顺德籍粤菜大师黎和，曾用鱼腐代豆腐，把传统家常菜“郊外鱼头”，改造成为广州北园酒家的十大名菜之一。乐从荔园酒家制作的“玉树顺德鱼腐”更夺得了第三届全国烹饪技术大赛银奖，并跻身于 1998 顺德美食大赛金牌菜之列。有诗咏乐从鱼腐：

甘香幼滑色鲜黄，浸烩炆扒尽擅长。

信手拈来堪入馔，须臾可做靓羹汤。

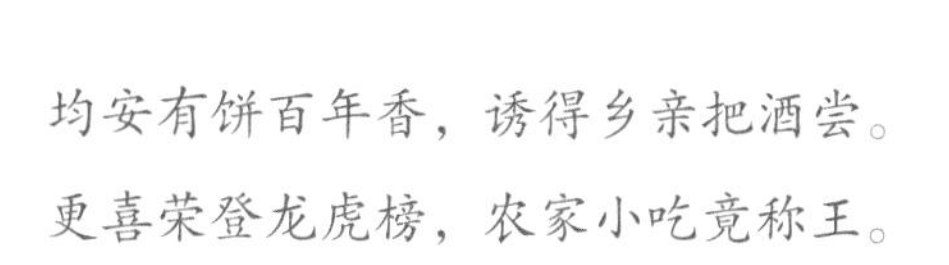

均安鱼饼

均安有饼百年香，诱得乡亲把酒尝。

更喜荣登龙虎榜，农家小吃竟称王。

此诗咏唱的均安鱼饼有一个神话传说。相传古代，西江下游海洲水道与东海水道之间，不知谁祭海礼数不周，触怒了海龙王。当地数月不下雨，瘟疫流行。龙王御前侍卫鲮鱼将军见状，遂萌怜悯之心，苦苦哀求龙王开恩，普救苍生。龙王扬言不愿赦免黎元之罪，除非鲮鱼将军不惜粉身碎骨。鲮鱼将军用自己换来了天降甘霖，众生均得安居乐业。后来，人们为了纪念鲮鱼将军救命之恩，把鲮鱼称“鲮（‘鲮’与‘怜悯’的‘怜’谐音）公”，把当地叫作“均安”，把煎鱼饼奉为祭品。

传说归传说。据均安仓门石步街的老人说，均安先有炸鱼饼，后来才有煎鱼饼。人们稍嫌炸鱼饼油腻，遂改炸为煎。均安炸鱼饼始创于清代同治年间，由仓门石步街农民欧阳华长所创。此人每日挑担穿街走巷卖鱼饼，鱼饼终于被他炸出了名堂。后来他把手艺传与儿子欧阳礼智，欧阳礼智烹制的鱼饼驰名港澳和东南亚，名为礼智鱼饼。后来，礼智的儿子寿超、文超继承父业，并于20世纪60年代创出煎鱼饼。

由于均安煎鱼饼香气扑鼻、爽滑甘美，外焦香而内鲜嫩，很受群众欢迎。1997年12月，在杭州举办的全国小吃评比赛上，均安煎鱼饼被中国烹饪协会认定为“中华名小吃”。在1998年顺德美食大赛中，均安镇翠湖山庄制作的均安煎鱼饼被评为金牌名菜。在第二届顺德岭南美食文化节上，按照均安的传统配方，烹制出一块巨型的“世界第一鱼饼王”。2013年，煎鱼饼被列入均安四大名菜，并有了制作标准。

均安鱼饼（照片由张长荣提供）

芳芳鱼饼

芳姨治馔够芳香，秘技家传更发扬。

古法新烹赢大奖，风行一饼万人尝。

容桂有一家芳名远播的芳芳鱼饼店，专营鲮鱼美食，众多名品都出自芳姨的调和巧手。

其实，芳芳鱼饼已有40多年历史。它的始创者张锦明（人称“大只锦”），曾在均安南沙“大城市”酒楼帮厨，学到师傅传授的鲮鱼菜肴制作技艺，对厨艺特别是对鲮鱼的烹制有独到的见解。20世纪80年代初，张锦明在均安南沙开了锦记食店，以专业制作鲮鱼饼为招牌主打，所烹制的煎鱼饼、炒啜鱼、生滚鲮鱼球粥……都深受均安民众欢迎。他的儿子张长荣[①]（中国烹饪大师、高级烹调技师、岭南“鱼王”）继承父业，凭着其父制作鲮鱼胶的秘方，打出了“芳芳鱼饼”的招牌。由于张长荣在高级酒楼担任行政总厨要职，所以让妻子芳姨打理店务。芳姨从2008年开始正式当炉掌勺，她得夫君传授厨艺，心灵手巧，人缘又好，很快就打响了芳芳鱼饼的品牌，不仅当地群众排队购买，很多外地食客也慕名远道而来，闻香下车，连食神梁文韬、名嘴郑达，还有一众港澳名厨、电视明星也前去捧场。容桂地区有一句新俗语：“去麦当劳竖着排队，到芳芳鱼饼横着排队。”芳芳鱼饼让众多食客用脚投下了满意的选票。在第二十三届广州（国际）美食节上，芳芳鱼饼荣获金奖，此外，还获得了顺德厨师协会第一届厨点烹调大赛金奖，“古法新味”顺德菜烹饪大赛金奖的荣誉。

芳芳鱼饼（照片由张长荣师傅提供）

① “张长荣”的“长”念zhǎng（音“掌”）。

麦香鳗鱼柳

麦香鳗鱼柳（顺德名厨林潮带烹制）

麦香鳗鱼柳是广东餐饮名店——陈村石洲大酒店的创新名菜，曾获 2007 顺德金牌菜之金奖菜殊荣，之后又获得“广东名菜”的美誉。

石洲大酒店原是改革开放之初广东省最早的“路边店”之一，因热情周到地为南来北往的汽车乘客和司机提供餐饮服务而掘到了“第一桶金”，后来扩建成一座综合性酒店。老板夫妇出身饮食世家，对菜点创新、出外参赛、交流厨艺很感兴趣，并亲身参与其中。例如，为研制石洲大包，就用去了十袋面粉，老板娘像神农尝百草一样尝试面皮的味道，竟直至反胃！该店推出的创新菜点五味河粉、灌汤鲮鱼球、石洲芹香饺等都广受食客欢迎。

当年，为迎接 2007 顺德金牌菜的评选，石洲大酒店管理层经过深思熟虑，决定试制麦香鳗鱼柳参赛。他们考虑到，顺德是中国最重要的鳗鱼养殖基地，顺德人爱吃鳗鱼，加上人们重视饮食养生，青睐粗粮，于是决定将鳗鱼段沾上粗粮麦皮（代替惯用的面包糠）进行油炸，让人吃得健康，吃出新鲜感。

说干就干。大厨将鳗鱼切段，腌制，沾上麦皮和香料，然后炸制。他们发现，制作此菜非常考验师傅的功夫：一方面腌制时调味料和时间的把控十分讲究；另一方面，油炸的火候更需要掌控得恰到好处。经过反复探索和改进，一款甘香鲜美、外表金黄、入口即化、健康有益的创新菜被端到了评委面前。有诗咏麦香鳗鱼柳：

巧手新烹水底参，碧油微滚半浮沉。

匀沾麦屑成佳馔，段段甘香段段金。

钵仔鱼肠的美味故事

钵仔鱼肠

世界御厨杨贯一先生认为，厨师的高境界是“将九流的材料烹成一流美食”。钵仔鱼肠最能体现顺德人高超的烹调技巧。

鱼肠“藏污纳垢”，奇腥极腻，是等而下之的粗料甚至“废物”。但它在顺德人眼里，却是一块未经雕琢的璞玉。他们将在循环活水中饿养过的鲩鱼或鲮鱼，掏出雪白的鱼肠来，细加清洗，然后切段，与蛋浆、蒜蓉、果皮蓉、姜蓉、胡椒粉、酱油蒸至九成熟，让鱼肠段像条条禾虫半沉半浮，接着用慢火焗至焦香。香港美食家蔡澜在《鱼肠》一文中说：“最重要的窍门，也是最好吃的秘密是再拿到焗炉去焗一焗。”土气的瓦钵是烹器的首选。《香港味道》一书评论说：“焗鱼肠永远给人一种回归乡土的好感。”台湾美食家焦桐先生在吃过台北顺德菜馆——涎香小馆的朱家乐师傅精制的钵仔鱼肠后，在《文学上的餐桌》一书中写道：“吃起来像我在巴黎吃到的鹅肝酱，又像在东京尝到的蟹膏，有着珍贵感，一点点腥，大量的香。”有诗咏钵仔鱼肠：

瓦钵飘香小火红，鱼肠焗蛋赛禾虫。

谁言下料皆低贱？适口奇珍赖巧工。

回顾钵仔鱼肠的历史，它的兴盛与清代嘉庆皇帝的老师、兵部侍郎温汝适[1]的倡导有关。这位一品大员嗜吃家乡龙山的鲮鱼肠，并赋龙山竹枝词：“芥叶微甘天雨霜，银丝先数雪鲮肠。笑他城市烦煎寄，鲜食何如似水乡。”此诗被录入著名的《龙山乡志》中，对钵仔鱼肠的传扬起到了一定作用。

---

① 适，念括。

顺德德胜广场

鹅肝灌汤鳗球

鹅肝灌汤鳗球（容桂东逸湾酒店提供）

2009年9月底，首届中国鳗鱼节在“中国鳗鱼之乡”——顺德举行，其重头戏“鳗·妙滋味”十大菜式评选活动吸引了全国26家餐厅和酒楼参加。

为了研制出脍炙人口的菜品，打破日本蒲烧鳗鱼对市场的垄断，顺德东逸湾酒店组成了实力强劲的菜品研发团队，由传统名菜琵琶豆腐创制者陈珠的徒孙、法国蓝带美食会会员、酒店总经理蒋志刚与香港“食神”戴龙的徒弟、佛山名厨、酒店行政总厨黄剑雄领军。经过深入研究，决定试制中西合璧、极富创意的鹅肝灌汤鳗球参赛。

“无限风光在险峰”。神品的创制，注定了要攻克道道技术难关。首先是鳗鱼由于含脂量大而打不成胶，加入鲮鱼肉同打也不成。其次是法国鹅肝灌汤的难题要破解。后来，黄师傅吃到了爽口弹牙的潮州鱼圆不禁怦然心动，立即加以研究，发现其原材料是胶质极好的马鲛鱼。

经过多次试验，终于敲定了制作方案：先把鳗鱼起出脊骨后切成窄短薄片，与马鲛鱼胶搓匀，放入冰箱冻爽。法国鹅肝酱与猪皮冻煲软烂，也冷冻至硬，取出分切成粒。然后将鹅肝粒塞进鳗鱼胶中，捏成小球形，表面滚上面包糠，放入热油中，先用中火炸至一定熟度，再转大火逼出鳗球内油分便成。

这道创新菜清香酥化，内含鲜汁，不见鳗形，却有鳗味，还合乎东西方人口味，从众多“鳗·妙滋味”菜品中脱颖而出，最终折桂，并为东逸湾酒店赢得了100千克活鳗的丰厚奖品！

有诗咏唱此菜：

神鱼[1]细脍化新妆，冻却鹅肝巧灌汤。

合璧中西高格调，荣封鳗妙菜肴王。

---

① 神鱼：鳗鱼有“东方神鱼”的美誉。

七彩烧汁鳝柳

驾起祥云七彩光，金龙劲舞伴麻香。

从今不慕生鱼脍，只把仙家美味尝。

这首诗咏唱的是荣获2007顺德金奖菜的七彩鳝柳。

话说2007顺德美食节的重头戏，是全区餐饮名店、特色店悉数参加的美食大赛。大会设金、银、铜牌奖，而金牌菜的最高荣誉则是其中的金奖菜。作为当时顺德餐饮龙头企业，顺峰山庄自有金奖菜舍我其谁的自信。拿什么精品参赛，才能在强手如林的大赛中折桂？时任顺峰山庄总经理的罗福南大师（南哥）在深思。一次，他见到客人在捞拌鱼生，突然想起自己不久前曾受拌鱼生启发，做了一道七彩凉拌鱼皮，食客反映

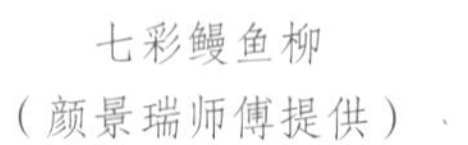

七彩鳗鱼柳
（颜景瑞师傅提供）

颜景瑞师傅正烹制七彩鳗鱼柳（阳辉里美食苑提供）

还不错。又想到新生代食客讲究饮食卫生，不少人对鱼生敬而远之，于是决定设计一道生熟参半、土洋结合的创新菜，以满足食客的新鲜感和安全感。南哥确定以顺德盛产的鳗鱼（即白鳝，雅称“龙”）为主料，以能生吃的洋葱、青椒、红椒、京葱、酸姜、酸藠头、芫荽为辅料。他把白鳝汆水切条拉油，加烧汁炒匀，撒上炒香的白芝麻后，由食客将七彩丝状料与鳝条拌匀同吃。这道凉拌菜鲜香、油香、麻香交融，爽脆可口，秀色可餐，如愿跻身于金奖菜之列，后来还被评为 2016“鱼悦顺德”（夏秋）十大鱼肴之一，在中国烹饪协会名厨专业委员会创新菜交流会上受到好评。

有趣的是，大良 9 岁的小选手丁丁，在南哥耳提面命之下，把七彩烧汁鳝柳变身为七彩拌肉丝，在 2016 顺德小厨神大赛中荣获亚军。顺德名厨颜景瑞在第 12 届亚洲名厨精英荟上，以七彩鳗鱼柳荣获前菜至尊金奖。

烂布鳝

自2006年开业以来一直人气极旺的大良大笑饭堂，有一道命名与污糟鸡有异曲同工之妙的菜式：烂布鳝。

烂布鳝又名“赖布鳝”，据传堪舆大师赖布衣嗜吃此菜，以致贪杯失职。有诗调侃说：

软糯肥腴佐旧醅，甘香致远宴初开。

不寻龙脉寻龙（鳝）肉，忘却堪舆白手回。

似乎更靠谱的说法，是主料风鳝（鳗鲡）细小的鳞片藏在湿滑的外皮下，所以焖后会出现表皮破烂的现象，看上去好像裹着一层烂布一般，所以坊间称之为“烂布鳝”。

大笑饭堂的明哥说，烂布鳝源于网油大鳝，裹在鳝段外的猪网油块经焖煮后油脂化去，余下网格状的筋络，给人烂布裹鳝段的错觉。明哥深知，要让这道肥腴软糯、濒于失传的古菜生存下去，非要在口味上改良不可。他精选重达1.5千克的野生风鳝，取其鳝身粗壮有力，吃起来韧劲十足，又非常爽嫩，实在是美味于齿唇之间的一种艺术式表达。

另一奇特之处是非常清淡的调味，不刻意品尝，甚至不会感觉到酱汁的存在，而这正是这道菜肴的真谛——让风鳝本身的美味充分发挥出来。配料、料头也不落俗套，除了风鳝的最佳配料蒜子和火腩之外，还有摊成黄布状的薄蛋皮垫底，让烂布鳝的命名有了物质的依据。另外，柠檬叶丝的加入，让成菜发出阵阵清香。经此妙手一改，烂布鳝就由古老变时兴，被赋予适合时宜的活力。

烂布鳝（大笑饭堂提供）

六味会长鱼

六味会长鱼（日盛世濠提供）

话说清光绪二十九年（1903 年），四川人李滋然上任，主理顺德县政务。这位县太爷为官清正爱民，一到任就在公堂上挂出牌子，上面写着："本县若有收受民间钱财，不得还乡。"消息传开，墨吏受到震慑，百姓叫好。县中江尾（今均安）发生教案时，他顶住上司的压力，严厉指责洋教士与教众恃势欺凌乡民。他又鉴于顺德团练局抽捐过重，影响民生，不惜得罪一班县绅。光绪三十年（1904 年），两广总督岑春煊[①]命令顺德县上缴三万两白银作军费，李县令认为太繁重，县民负担不起，毅然到省里抗辩，触怒了岑春煊，立刻被撤职。起程回乡时，李滋然两袖清风，行李简陋。有不少县民为他送行，其中一个饭店老板用竹笋、冬菇、芹菜、红萝卜、陈皮、菜椒切成粗条，与黄鳝条同炒，上面放炸米粉丝，做成一道菜，送到十里长亭，给这位好父母官下饭，吃饱好赶路。这时，李滋然想起上司无视民瘼，蛮不讲理，又见群众与自己难舍难离，热情相送，不禁五滋六味涌上心头，又见菜肴是用六种配料与主料黄鳝同炒而成，连声称赞："这六味炒长鱼（黄鳝）好味，好味！"群众不忍心好官被"炒"（解职），改用"会"字，希望时时能会见这样的好官，就称此菜为"六味会长鱼"。

六味会长鱼作为顺德传统名菜一直流传下来，并被写入了新修的《顺德县志》中。此菜还传到穗、港、澳，成为利口福海鲜饭店、广州酒家、香港凤城酒家等名店的保留菜式。有美食竹枝词赞美此菜：

滋阴补血赛人参，活色生香美可吟。

七味同烹成一绝，清鲜爽滑老饕心。

---

① 岑春煊：岑春煊照片见《鸽松生菜包》插图。

中西技法两交融，巧取方包贴海龙。

酥化焦香金嵌玉，凤城名菜展新容。

这首诗咏唱的是中西合璧的顺德菜珍品——锅贴大明虾。明虾，即对虾，因产于浙江宁波（古明州）的最出名，故称（见《清稗类钞》）。

据《顺德真传》记载，锅贴大明虾的创制者是香港凤城酒家名厨冯满。冯满，大良人，十余岁在家乡跟随“凤城厨林三杰”之首区财学艺，18 岁时就在名店桥珠酒家当厨师，后来辗转香港山光饭店、娱乐酒家、龙记饭店担任总厨，于 1954 年开创香港凤城酒家。几十年来，冯满师傅坚持做原汁原味的顺德菜。为了让顺德传统厨艺薪火相传，冯满可谓执着坚守古法。据传，他曾明确规定，要按照传统制法烹制本店的招牌菜，谁擅自更弦易辙，谁就不配当他的后继人。如果因此就以为冯满是个因循守旧的人，那就大错特错了。正是他，创制或改良了不少美味菜式，使之成为有口皆碑的精品。创制锅贴大明虾就是典型的例子。他从西点多士（英文 toast，烤面包片粤语音译）得到启发，把开背去壳切双飞的大对虾与面包片相“贴”，加以半煎炸，而成鲜甜爽嫩、脆化甘香的锅贴大明虾。此菜被香港饮食界誉为“虾多士的元祖”，还衍生出西焗千层虾（虾身留有尾壳，炸好后虾尾翘起，在虾身与面包间卷着鹅肝酱）、鲜石斑多士、龙虿多士等港式新潮名菜。

锅贴大明虾

锅贴大明虾（凤厨职业技能培训学校罗志坚师傅提供）

炒水鱼丝

在第七届中国岭南美食文化节顺德精品宴上，一道名为“五彩炒水鱼丝”的菜肴鲜香味美，色彩缤纷，十分悦目。

从清代中叶起，聚居大良华盖里一带的士绅富户以知味著称，他们的饮食趣味是少食多餐，精品细尝。一只水鱼（中华鳖）被他们制成“水鱼三味”：甲，以淮杞或杏圆清炖；头、尾和爪，则以红烧烹制；瘦肉切薄生炒，佐以冬笋或菜远。《顺德风采》评论说：这样处理“完美无缺”。

把炒水鱼丝作为一款佳肴应市，是20世纪20年代大良宜春园酒家首创。此菜甫经推出，即大受食家青睐。《顺德真传》一书中认为其原因有三：一是顺德厨师刀工好，把水鱼生宰后切丝，很考功夫；二是此菜有两种口感，水鱼丝炒后清甜，带少许弹性，而裙边（即爪及背部的边位）用沸水略焯后再以高汤来煨，软滑惹味；三是具有滋阴凉血、补虚壮阳的功用。《广东佛山地名志》把炒水鱼

碧绿炒水鱼丝

丝与野鸡卷、炒牛奶并称三大传统名菜，《顺德县志》则把炒水鱼丝的制法载入其中。

炒水鱼丝传至广州，成了大三元酒家四大名菜之一，还登上了民国时广东“食圣”江孔殷的筵席。香港经营顺德菜的老店凤城酒家也把炒水鱼丝列为“真传凤城菜”，美其名曰“绿柳垂丝”。而英国伦敦唐人街的富临饭店也有炒水鱼丝飨客。顺德籍香港美食家唯灵先生率香港美食品鉴团来寻味，常常品吃此菜。有诗咏炒水鱼丝：

兼容五味[1]食中奇，玉腿仙裙脍作丝。

更得萌菇添素雅，光谦指动宋公怡。

① 水鱼兼具鸡、鹿、牛、羊、猪的不同风味。光谦、宋公均为嗜吃水鱼的人。

穿心水鱼的“升级版”——
八珍水鱼（聚福山庄提供）

穿心水鱼

穿心水鱼的美味故事

1985年，顺德县饮食服务公司挑选善于创新的一级厨师欧阳广源，参加广东省厨师晋级考核。经过长时间的琢磨，欧阳师傅确定用富有水乡特色的水鱼（中华鳖）做自创菜的主料，以原汁原味征服评委的味蕾，他创制了“穿心水鱼”一菜。所谓“穿心”，是将火腩（烤猪腹肉）件、冬菇件有序地排放入水鱼腹内，置换水鱼的内脏，盖上背甲，原只密封蒸至酥焓，外围分两层环绕炸独蒜子和西蓝花做装饰。成菜鲜香浓郁，造型美观，创意十足。有诗赞美“穿心水鱼”：

宝刀未老——欧阳广源师傅在片肥肉

火腩香菇巧换心，清蒸整鳖驻芳神。

花团锦簇围珠玉，美味佳肴创意新。

“穿心水鱼”问世后，名声不胫而走，频频出现在高级宴会上。例如 2004 年，顺德华桂园承办的招待“广东顺德——中国厨师之乡”考察认证组宴会，就有这道穿心水鱼。2007 年，华桂园的“秘制穿心水鱼”荣获了顺德金牌菜称号。中华餐饮名店勒流聚福山庄在“穿心水鱼”基础上，推出了招牌名菜“八珍水鱼”。

可以说，穿心水鱼就像第一朵报春花，怒放在改革开放后百废待兴的顺德厨坛，引来了百花盛开、万紫千红的可喜局面，意义非比寻常，所以它也作为唯一创新菜式，从用料、制法到特点，被完整详细地载入了《顺德县志》中。

中华餐饮名店聚福山庄的八珍水鱼选用老水鱼褪去骨（包括爪骨），掏出内脏，放入海参、瑶柱、冬菇、栗子等“八珍”，盖甲扣炝，可视为穿心水鱼的升级版。

作者访问欧阳广源师傅

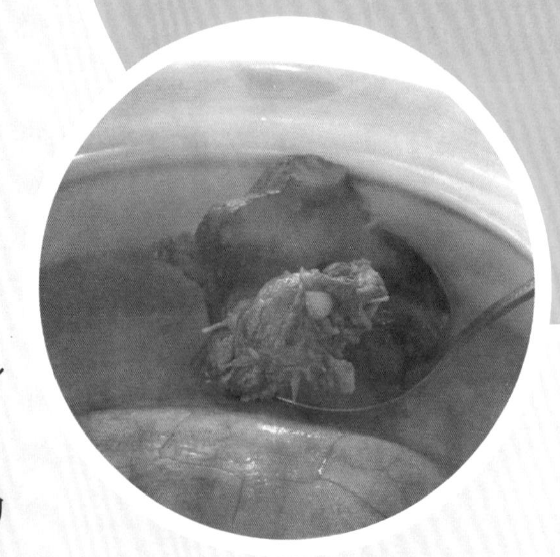

土茯苓龟汤

古越王宫御膳香，延年妙品养阴良。

灵根树下为臣佐，煲出岭南第一汤。

诗中所咏的“岭南第一汤”，就是顺德人春夏时节的心水靓汤——土茯苓煲龟汤。

岭南地处燠热多雨的亚热带地区，自古山间多瘴气，民多湿病。湿病不好对付，正如医家吴鞠通所说“润之则病深不解”，湿症患者忌食滋补类药膳，这样一来可难住了喜欢汤水的岭南人。幸好他们发现，土茯苓（一种寄生在松树下的菌类）龟汤既能滋养扶正，又利湿解毒，可谓滋补而不留邪，制湿而不伤正。

在不少顺德人心目中，龟是防病治病的食疗药物和高级补品，甚至是延年益寿的“神品”。事实上，龟体内确有较多特殊长寿因子和免疫物质，龟肉确有清血养阴的功效。据考，早

在2000年前，龟就成了南越王朝的御膳品，第一代南越王赵佗寿高百岁，据说与常喝龟汤有关。南越国的丞相吕嘉（顺德先民）的男女子孙全是皇亲国戚，也有资格常饮龟汤。现在，顺德的炖汤店、凉茶铺都有土茯苓龟汤飨客。中华餐饮名店——宏图海鲜酒家的石金钱龟汤，用足靓料，慢火煲熬24小时，汤水像"滴珠"般浓稠，搁置几分钟稍凉，表面像大米粥似的"起胶"（呈胶状），具有祛湿滋阴功效。阿二靓汤的土茯苓灵芝炖原只龟也是妙品。土茯苓煲龟汤还被载入《顺德美食精华》一书中。

土茯苓龟汤（凤厨职业技能培训学校罗志坚师傅提供）

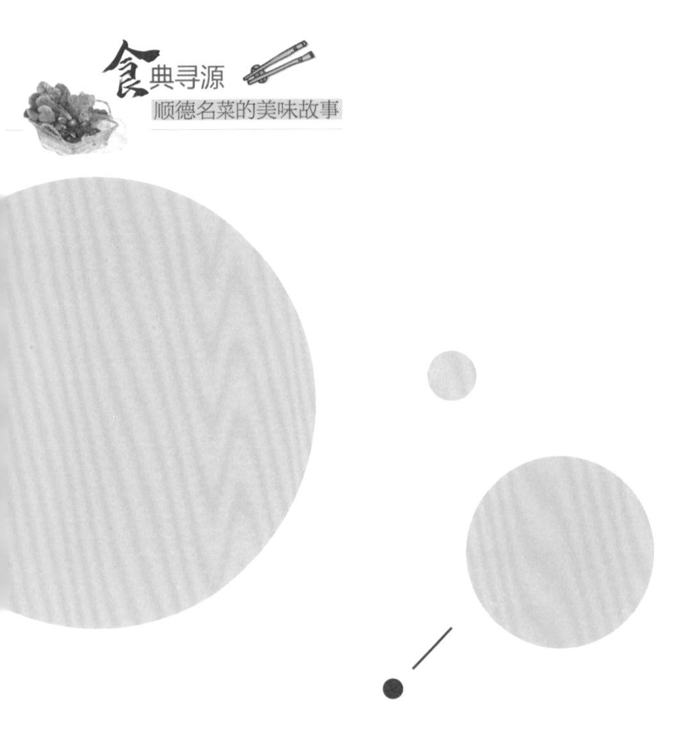

西施凤尾虾

据了解，至少有三位顺德名厨曾在联合国总部掌勺，容桂的胡洪师傅是其中之一。

胡洪，1927 年生。十五六岁时入饮食业，先后在乐园、宴乐、半山园、深记等店从厨，学会了红、白两案的各种技巧，成为厨点俱精的师傅。20 世纪 80 年代初，年过半百的胡洪登上了人生事业的顶峰。那年，他有幸被中国外交部选中，到中国驻联合国代表团厨房部工作，成为美食外交的光荣使者。胡洪除了为代表团料理日常膳食外，最重要的工作是为宴请外宾制作筵席佳肴。他充分发挥自己的技术专长，他制作的蝙蝠（俗称“蝠鼠”）饺广受好评。蝙蝠饺是虾饺中的一种，采用鲜虾仁、竹笋粒为馅料，给外皮捏出竖线条的皱褶，两翼一高一低，让人感觉蝙蝠在行走而不忍

顺德杏坛镇逢简水乡

下箸。或者变换花样，捏成鳌鱼饺、龙王饺、白兔饺……无不惟妙惟肖，栩栩如生。至于筵席菜，胡洪师傅最拿手烹制西施凤尾虾。此菜为胡洪所创，选用美国大虾，去壳，用鸡蛋清打成泡沫后加入淀粉调成浆，提着虾的“凤尾”挂上蛋糊，入油锅炸透。再以竹笋、红萝卜、菜心粒炒熟作配菜，置碟中央，以凤尾虾绕着中心呈太阳光芒形状摆盘，很是美观，深受嘉宾喜爱。有美食竹枝词赞美西施凤尾虾：

凤尾龙头玉洁身，西施色逊此肴珍。

香飘国际嘉宾赞：妙手灵心似有神。

1989 年，62 岁的胡洪荣休。他怀着“给最广大的平民做好一碗面”的愿望，开了家胡洪面馆。他把平民面的典型——云吞面做到精致完美，奉献给他所挚爱的父老乡亲。

大良煎虾饼

顺德传统虾肴名头叫得最响的当属大良煎虾饼。它是芙蓉虾（清光绪年间出版的《美味求真》中已有记载）的升级版，诞生于顺德美食“圣地”——大良华盖路。清末民初，“四乡”（南海、番禺、中山、顺德）运货人员云集鉴海路，进行交易后到华盖路进餐。大排档档主用芙蓉虾招呼那些商旅，后来加以精制，选用大只鲜虾仁入馔，提升了菜肴的档次，于是有顺德虾肴的代表作——“大良煎虾饼”的问世。

其制法是把已腌入味的大只鲜剥虾仁拉油，然后与葱白粒、榄仁放到鸡蛋液中和匀，分次舀入平底镬中，搪为圆形，用慢火煎至两面呈金黄色。此菜的妙处是易于制作，鲜香甘美，故能传之久远。在本地，它是中华餐饮名店顺峰山庄的传统名菜；在广州，它成了“广州第一家”——广州酒家的招牌菜之一。在传统粤菜筵席之“九大件”中，就有大良煎虾饼（见许衡《粤菜精华》）。大良煎虾饼还上了香港亚洲电视《味是故乡浓》栏目和香港“食神”梁文韬的《餐餐有食神》一书。此菜还在台湾顺德美食节上演绎过，更曾在中国驻联合国代表团的宴席上大出风头。

香港“食神”梁文韬曾经指出：广州“受到顺德菜的影响比较多，擅长煎制，煎鱼、煎虾都做得‘很好味’。”无疑顺德人妙制大良煎虾饼的技艺对广州人的煎技艺产生了一定影响。粤菜研究专家李秀松先生在《煎法》一文中把大良煎虾饼作为粤式蛋煎法的典型菜例加以推荐。

有诗咏大良煎虾饼：

薄饼金黄悦齿牙，绝香煎蛋绝鲜虾。

厨乡小菜登高席，名列广州第一家。

大良煎虾饼（日盛世濠提供）

芙蓉虾

芙蓉虾（刘容雁烹制，冯国鹏摄）

冰肌玉鬣釜中煎，爽滑焦香上盛筵。

艳若芙蓉名亦美，精烹此馔奉家先。

这首竹枝词咏唱的是以蛋煎法制作、以鲜虾仁为主料的祭祖名馔芙蓉虾。说起它得名的由来，还与清代同治年间状元梁耀枢有关。

梁耀枢（1832—1888），顺德光华人。同治十年（1872年）大魁天下，其宦途不离文化、教育领域，旧志称他为官“勤慎”。慈禧太后赞他是“金玉君子”，在他五十寿辰时，慈禧特意送来寿屏，赐赠四言：“及第芙蓉，冠众香国。校书天禄，为清平官。”对梁耀枢的才能和人品作了较高的评价，特别夸赞他为独占鳌头、出类拔萃的顶尖文才，用木芙蓉在秋天开美艳鲜花加以设喻，这在当时不啻为一种殊荣。其后人世代以此为荣。每逢耀枢忌辰，或春秋二祭，总要从“粤菜第一书”《美味求真》中找出芙蓉虾的菜谱进行精心烹制，以纪念这位了不起的先人。后来，在顺德菜中，一些用蛋煎法烹调的菜都贯以“芙蓉”的美名，例如芙蓉鱼等，“芙蓉”成了鸡蛋的雅称。

《新概念中华名菜谱·广东名菜》载：“顺德传统名菜芙蓉虾的制法与大良煎虾饼制法相同，只需多加菱形笋片、菇片、短葱榄即可。”《顺德菜烹调秘笈》提示制作技巧说：“熟虾肉要放在砧板上略压扁，煎时才不会脱出。”芙蓉虾原是家常菜，在家宴上出现。经济状况并不富裕的人家，在碟底垫以炒面条，显得大碗大碟“好气派”。后来，它走上了酒楼餐桌，逐渐成为比较流行的粤菜，连香港金牌食肆陆羽茶室也以芙蓉虾为招牌菜之一。

百花酿蟹钳（日盛世濠提供）

百花酿蟹钳

百花酿蟹钳是顺德一款元老级的精品菜。说起它的来历，却有一段血迹斑斑的历史。

顺德曾是滨海水泽之地。顺德先民南越人长期过的是“煮蟹为粮不识米”的生活。

然而，到了清康熙元年，为了割断民众与抗清将领郑成功的联系，清廷下令将东南沿海居民“徙内地五十里”。三年甲辰春，续迁番禺、顺德、新会、东莞、香山五县沿海之民。“督迁士兵恣俘掠”，还以“点阅”后“即许复业”诱使藏匿者入军营，“即杀，无一幸脱者”（载道光《香山县志》卷八“事略”）。禁海迁民不仅让沿海居民流离失所[①]，还让原先盛产的螃蟹几近绝迹。

这一倒行逆施引起了正义之士的极大愤慨。当时羊额高士何绛（1627—1712）中年前曾矢志抗清，还亲赴芜湖参与抗清将领张煌言的反攻战役。明亡后他虽隐居乡间，但“未忘恢复”。一年深秋，好友送他一串螃蟹。面对这久违的“横行介士”，何绛难抑对残暴清廷的满腔怒火。他把蟹的“凶器”——双螯斩了下来，扔进沸油里烹炸，竟无意间“创制”了寓意菜炸蟹钳。

经过历代顺德厨师的精心改进，炸蟹钳演变成传统筵席经典菜百花酿蟹钳。制法是将蟹螯滚熟后拆出肉，留下蟹壳末端及扇骨，把行内雅称“百花”的虾胶酿到蟹的扇骨上，捏成蟹螯形，用慢火浸炸至呈金黄色即成。想不到当初的泄愤之作，竟演变成精致高雅的席上佳肴。有美食竹枝词单咏此菜：

玉钳清煮欠甘香，又畏银牙带壳尝。

巧酿百花酥炸后，满鳌明月照秋霜。

① 顺德受海禁内迁之累的是容桂和均安地区，居民离乡达5年之久。

白衣乌裤俏厨娘，妈姐潜心技艺良。

巧手捻来家馔美，凤城小炒过洋香。

这首诗咏唱的是顺德妈姐。话说清末民初，顺德部分独立意识强，梳起不嫁的自梳女，到珠三角、穗港澳地区、东南亚诸国打住家工当佣人。她们为人正直，心地善良，刻苦耐劳，被尊称为“妈姐”。例如均安仓门村欧阳焕燕姐妹就在新加坡华侨侨领陈嘉庚和前总理李光耀家当妈姐共五十多年。妈姐中一些人有一身好厨艺，她们把顺德家常菜发扬光大，大胆吸纳东南亚饮食文化，不断创新，广泛利用当地食材、香料、调味料，创制出不少符合当地人口味的混搭菜。专家认为，妈姐菜其实是海上丝绸之路上的一个跨国菜系，东南亚著名的“娘惹（中国侨民与当地人所生的下一代女性）菜”就是深受妈姐菜影响而形成的。

黑椒焗蟹就是富于东南亚风味的一款妈姐菜。

将蟹拆件斩块，用白葡萄酒、盐和白胡椒粉抓匀腌过。用鸡蛋清和玉米淀粉混合调成糊。将蟹件沾上糊入油煎过，然后用热油淋至蛋糊起泡，蟹壳变色。用小火融化适量黄油，放入红葱头末、蒜头末和姜末，加入黑胡椒酱炒香，加入椰浆和白葡萄酒，煮开后，放煎好的蟹块，再次煮开后加盖转中小火焗 4~6 分钟，揭盖大火收汁便成。此菜鲜美清甜，辛香浓郁，富于南洋风味。

黑椒焗蟹被载入均安《妈姐菜菜谱》，并作为妈姐菜的一个典型菜例，在“中国海上丝绸之路的妈姐菜研讨会”上向贵宾专家做了展示。

黑椒焗蟹

私房焗肉蟹（容桂餐饮行业协会提供）

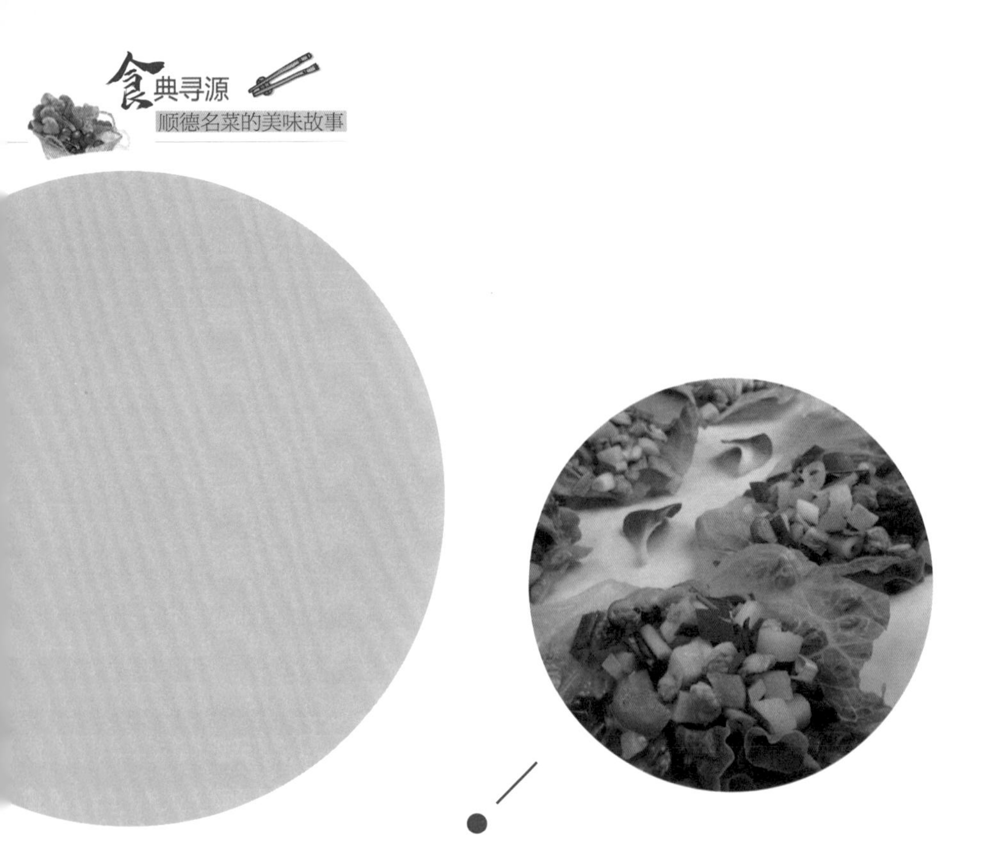

蚬肉生菜包

蚬肉生菜包是顺德龙江镇的一款水乡风味菜。从美食角度看，蚬肉鲜甜，生菜（叶用莴苣）爽脆，韭菜清香。用生菜叶包裹熟馅同吃，饶有野趣，并享动手自助之乐。有美食竹枝词咏蚬肉生菜包：

玻璃翠叶主华筵，早韭清香玉蚬鲜。

熟馅生包尝野趣，方知正味出天然。

吃蚬肉生菜包的风气，与一位退隐清官的饮食爱好有关。龙江人刘士奇，于明代正德十二年（1517 年）高中进士，官至山东右布政使（一省最高行政长官），官居二品。他为官清正廉洁，辞官返乡后生活清贫，虽清茶淡饭，但不改其乐。他常说："为官最重要的是一个'清'字。"他最大的生活乐趣是品尝农家风味菜——蚬肉生菜包，自己动手，把洗净的生菜叶

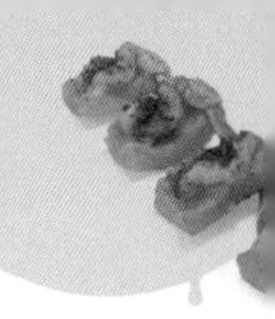

蚬肉生菜包（龙江镇饮食协会提供）

改切成碗口大小，把炒熟的蚬肉、腊肠粒、韭菜粒、咸酸菜梗粒、萵白粒、虾米与炸米粉丝碎等包而吃之。有一次，他趁圩时看见有体大肉厚的黄沙蚬卖，当即要买 2 斤（1 千克），但一摸，囊中却没有足够的钱。在旁的妻子嘲笑说："那你写一个'清'字给他，不就得了吗？"他回答说："蚬肉可以不吃，但做人不能不清不白啊！"这个故事在龙江传开后，乡亲父老更加敬佩刘士奇的高尚品德，也更爱吃蚬肉生菜包了。

后来，蚬肉生菜包成为顺德等地民俗活动——生菜会的主题菜，寄托着生财求子的愿望。生菜包的材料几乎都有吉祥寓意：生菜寓生财，酸菜表示子孙昌盛，蚬肉表示显贵，韭菜表示长长久久，总之，吃生菜包希冀丁财两旺，长久发达。这，恐怕与刘士奇吃蚬肉生菜包大异其趣了。

均安密口蚬

均安密口蚬的美味故事

在普通人的潜意识里，炒过的蚬一定是开口的，不开口的便是死蚬无疑。然而，均安人炒出的蚬却是密（闭）口的，味道比开口的蚬更清甜，更原汁原味。这，就是奇特的“均安密口蚬”。

密口蚬这道菜，是均安人所创。大约二十来年前，某一天，住在星槎村“海”边的一群村民在闲聊，竟扯到了如何炒蚬才不开口的话题。他们每人都拿着几颗蚬子端详。有个名叫何万朋的人发现，每颗蚬子的“笃”（底）部都好像有两条筋似的，他认为，蚬在炒熟时之所以开口，是因为这两条“筋”收缩了的缘故；如果把这两条“筋”挑断，炒出的熟蚬可能就是闭口的。这群人随即现场实践。果然如此！这一发现，马上在附近传开，周边镇街的人都赶来品尝这独特的密口蚬，每个食客都

均安密口蚬（均安星槎万胜食店提供）

对蚬肉的软嫩清甜赞不绝口。这道菜的创制者何万朋是均安一家食肆的老板。

蚬子有两根闭壳腱。把闭壳腱剪断，蚬熟后便不会张开壳。吃密口蚬有三奇：一是改变了千百年来从煮熟后张开的甲壳中取肉而啖的吃蚬定式，有新鲜感；二是吃时把壳嗑开，如同嗑瓜子，令人吃出闲适感；三是能尝到鲜美的蚬汁，其妙处与吃灌汤包子相似。均安密口蚬有蒜蓉蒸、豉汁蚬汁炒等方式，烹出的蚬都美味新奇。香港原亚洲电视本港台美食节目曾推介过均安密口蚬。《顺德原生美食》一书中有诗赞美此菜：

嗑蚬声声震膳台，鲜汤啖啖润桃腮。

如非巧剪施魔术，岂有金钳[1]熟不开？

① 金钳是黄沙蚬的美称。

奶蛋菜品独风流

2

大良炒牛奶
大良炸牛奶
金榜牛奶炒龙虾球
锅贴牛奶
凤巢三丝
炒三色蛋
琵琶豆腐
……

大良炒牛奶（果然居提供）

巧手烹来箸下香，鲜甜滑嫩诱人尝。

尤奇玉液凝仙酪，享誉中华软炒王。

这首美食竹枝词咏唱的是堪称顺德第一传统名菜的大良炒牛奶。

权威的《中国烹饪百科全书》记载：“大良炒牛奶创于中华民国初年。”籍贯顺德的著名学者陈荆鸿先生在《蕴庐文萃》中谈到民国期间，广州永汉路（今北京路）木排头横巷里，有一家清一色“退隐女佣”经营的“西厢”小食肆，以凤城食品驰誉。该店的炒牛奶是把“滴珠原奶”煮沸后冷置，取回面上凝结的薄膜，一层层地炼取，

俗称奶皮，然后和以猪油，猛火热炒而成，甘香嫩滑。

20世纪40年代初，凤城名厨龙华师傅对炒牛奶做了革命性的改造，在水牛奶中加入凝固剂鹰粟粉，还有鸡蛋清，配料增添爽口弹牙的虾仁，甘香的鸡肝粒，油香的炸榄仁，嫣红的火腿蓉，使成菜既奶香醇厚、洁白嫩滑，又色彩鲜艳、口感多样。经过这一精心改良，大良炒牛奶终于走出富人的厨房，走向餐饮市场。

炒牛奶甫经改良即不胫而走，很快就风靡港澳和华南各地，并经广东籍厨师主理厨政的新雅粤菜馆、美心酒楼传至上海，其后又经由中国驻联合国代表团顺德籍厨师戴锦棠、胡洪、康志雄，顺德百年老店冯不记后人冯海等人的传播，特别是近年顺德美食传播团的频繁出国献艺，使得大良炒牛奶传遍了五大洲。

大良炒牛奶居然能把胶状液体牛奶炒成“箸可夹起”的半固体，富于创意和典范性，被公认为“中国烹饪软炒法的典型菜例”而列入烹饪教材。

龙虾炒牛奶（王福坚师傅制作）

大良炸牛奶

大良炸牛奶（皇帝酒店提供）

朱唇轻吻脆而温，奶味深随齿颊存。
疑是仙厨施幻术，如何玉液变金砖？

这首诗咏的是“大良炸牛奶”。

炸牛奶诞生于20世纪70年代中后期。厨点俱精的乐从名厨刘伟师傅从炒牛奶和脆皮马蹄糕的制法中得到启发。他把拌有生粉、白糖的水牛奶蒸熟，摊凉，切成块状，蘸上脆浆，逐件放入热油中炸至呈金黄色——炸牛奶诞生了！之后炸牛奶开始大行其道。江泽民同志曾连续两餐品尝“大良炸牛奶”。顺德籍名画家刘春草先生在地中海的马耳他群岛的一个小岛旅游，也吃上了炸牛奶。

然而，由于脆浆脆化效果不能持久，有人改用方包片，使原来的脆浆炸变成了吉列炸，成菜的形状也由骨牌形变成圆柱形。食品厂大量制作半成品，供食肆复炸后飨客，使“大良炸牛奶”更加风行。这其中，资深厨师何定文功不可没。他发扬工匠精神，十几年如一日，钻研脆奶卷的制作。他发现，姜与奶是绝配。有一天晚上，夜深人静，他放了一些姜汁、牛奶与面粉搓糅成面皮，蒸熟后裹上牛奶芯，油炸后一试，口味很恰当。为了更好地摸索姜汁、牛奶与面皮的比例，他共用去了5000千克面粉。为了蒸好面皮，他特意用木蒸笼、木锅盖，不让蒸馏水（俗称“倒汗水”）渗入。2016年11月26日，何定文在广州美食节现场，制作了多份“姜汁脆皮奶卷”参赛。当时阴雨绵绵，气温只有12℃。评委品尝到有祛寒止咳功效热辣辣的牛奶卷，感到浑身暖和，喉咙舒服，口感脆化松软，都齐声叫好，于是“姜汁脆奶卷”荣获岭南特金奖名菜称号。

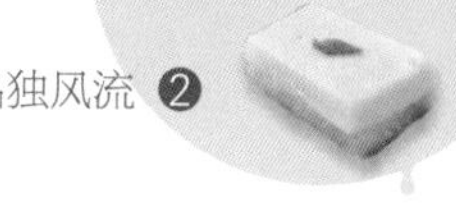

炒三色蛋

炒三色蛋（日盛世濠提供）

炒蛋多是家常菜，能登上酒楼大雅之堂的大抵只有黄埔蛋而已。据说此菜原是广州黄埔港的水上居民的家常菜，20世纪20年代因黄埔军校校长蒋介石爱吃而名盛一时。顺德菜妙在家常，因此出自家门的炒蛋款式多样。据史料记载，炒三色蛋是改革开放后顺德厨师出外传扬的首款佳肴，被载入了《顺德菜精选》《顺德原生美食》《顺德菜烹调秘笈》等典籍中。

20世纪70年代末，改革开放的大门刚开启了一道缝儿，中国（南方片）厨艺交流大会便应声在湖南长沙召开。勒流名厨张远作为广东厨师代表之一，有幸出席了那次盛会。“拿出什么菜肴与兄弟省的厨神做技术交流呢？”张远甫一到埗，便边逛市场边思索。张远知道，家乡有一道传统菜叫炒鸳鸯蛋，是用鲜蛋、皮蛋加上酥姜（经酱料铺加工过的火红色肉姜）同炒而成，而长沙却没有酥姜应市。于是，张远师傅决定用长沙盛产的咸蛋而舍弃酥姜，就地取材，炒制出一道味道、质感、颜色（似黄金、玛瑙、琥珀）各异而又融为一体的佳肴，取名“炒三色蛋”。

炒三色蛋貌似简单，但其实有一定技术难度。皮蛋去壳后要用清水浸过，以免沾上灰味；调味要避免盲目放盐，因咸蛋白很咸；一般用中火炒至蛋白质凝固即成，过火则蛋粗老不滑。有诗咏炒三色蛋：

长沙比武会厨神，巧点鸳鸯有创新。

琥珀光辉争玛瑙，香凝玉液色缤纷。

金榜牛奶炒龙虾球

金榜牛奶炒龙虾球
（王福坚师傅制作）

1998 年 12 月 3 日，有代表顺德各镇特色的 32 家酒楼宾馆的选手参加的顺德美食大赛圆满结束。经过来自广东省烹饪专家组成的 9 名评委（其中三人为广东十大名厨）认真公正的评选，评出了十大金牌顺德名菜和五大金牌顺德美点。大良银龙轩酒楼的金榜牛奶炒龙虾球（又称“金榜潜龙”）获金牌名菜殊荣。

此菜的创制者是后来被评为顺德十大名厨之一的陈德和。

陈师傅是“红裤仔”[①]出身，1974 年进入县委县人委招待所清晖园当厨工学徒，他热爱烹饪工作，一干就是几十年。当时银龙轩酒楼领导认为，陈师傅厨德、厨艺都很好，于是便把代表酒楼参赛的重任交给他。陈德和师傅对顺德名菜炒牛奶有过深入的研究，并探索出用炒、煎、蒸、炖等多种方法烹制。

① 红裤仔是饮食业行语，指学徒。

王福坚（右）与连庚明在法国制作金榜牛奶炒龙虾球

当时他想，传统的炒牛奶有虾仁这种辅料，在向城市化进军的时代，能否用更高档的龙虾球与鲜水牛奶同炒，把传统的炒牛奶提升品位呢？说干就干。炒制时他特别注意油温，下锅时注意龙虾球的完整，并看准龙虾球和水牛奶的颜色，判断成菜的成熟度，以便及时出锅。

成绩不负苦心人。大赛评委一致认为，金榜牛奶炒龙虾球“色纯，香滑，味和，型美”，“以潜藏其中鲜嫩花龙虾球，从平凡中显出身价”，“是有特色的新派凤城菜”的典型代表。

此菜问世后，频频出现在高档筵席中；顺德厨师外出推广顺德菜，也都不忘演绎此菜。有诗咏曰：

具体而微屹雪峰，潜藏闹海嫩花龙。

金牌一篕鲜牛奶，古意新翻制作工。

金榜牛奶炒龙虾球的美味故事

锅贴牛奶

据曾在联合国掌勺的顺德名厨康海师傅的儿子康志雄回忆，大约在20世纪80年代末，随着人民生活水平的逐渐提高，吃得清淡、吃得精美已开始成为顺德一种饮食新时尚。身处烹饪第一线的康海师傅在做顺德传统名菜炒牛奶和炸牛奶时，已经敏锐地感到这两款菜品稍嫌腻口，食客已经流露出品尝新式奶品菜的愿望。这时，多种形式的锅贴菜品以美观的造型、多样的口感、中西融合的方式，像强大的磁极吸引着康海的注意力。

康海师傅年轻时在勒流鼎力酒家担任点心师，1963年后，进入了顺德县委招待所餐厅，其后成为清晖楚香楼主厨。这位厨点俱擅，“好学”“爱动脑”“肯试验”的名师，从香港考察新派粤菜归来后，从西点“吐司”（toast，即烤面包片）制作中受到了启发。长期的思考终于幻化为一道灵光，在康海的脑海中倏忽闪现：用锅贴的方式烹制奶品菜！

说干就干。康海把鲜水牛奶加鹰粟粉和白糖蒸成糊状，冷藏

锅贴牛奶（聚福山庄提供）

成固态，即成铲牛奶。取出后与淡面包片切成大小相同的骨牌件，用蛋白稀浆贴牢成为一体，在牛奶件上放火腿片和芫荽叶各一片，放入油锅半煎炸至面包片酥化。康海师傅把新菜命名为锅贴牛奶。锅贴牛奶既有油炸品的脆化，又能保持牛奶的软滑，玉白与金黄相映衬，比炸牛奶少了油腻而增添了层次感，质感和口味也更加丰富。有诗赞曰：

金镶玉砌美名扬，半炸醍醐软且香。

合璧中西肴亦点，厨乡奶品赋新章。

1997年，在首届凤城美食节上，锅贴牛奶荣获金奖。在1998顺德美食大赛中，康海与同事精制的野鸡卷拼锅贴牛奶荣膺金牌名菜美誉。

2018年6月18日，聚福山庄行政总厨吴添权师傅烹制的锅贴牛奶拼金钱蟹盒在容顺澳中国三大“世界美食之都”汇首晚宴上亮相，受到领导、嘉宾激赏。

桂花炒瑶柱

据马来西亚名厨甘兆棠介绍，顺德名菜桂花炒瑶柱是从家乡炒菜长远发展而来。顺德人在亲人即将远行前，用粉丝和鸡蛋同炒，寓意“永久长远，念家思乡”。后来加上瑶柱、豆芽等，便演变成桂花炒瑶柱。所谓“桂花”，是指将鸡蛋慢火炒至将老而未老，蛋粒细小而松散，形似桂花，香气四溢。

顺德厨界做桂花炒瑶柱有两种做法。罗福南师傅用日本瓦煲为烹器，用两双筷子拌炒鸡蛋黄使之成桂花形，然后加瑶柱丝、熟蟹肉丝、银芽、津丝，调味炒熟，撒上火腿丝而成菜；以勒流“东海”“宏图”为代表的做法则用铁镬、镬铲炒，各有其妙。不管用哪种做法，烹制出来的桂花炒瑶柱，观之，金黄与晶莹剔透相间，令人眼前一亮；闻之，蛋香、瑶柱的海产腥香、火腿的甘香交织在一起扑鼻而来；尝之，粉丝饱吸了蟹肉与珧柱的鲜味，格外鲜美可口，佳蔬豆芽清爽雅洁。一盘这样的桂花炒珧柱，给人以满盘金玉的感觉，配搭得这样和谐高雅，简直就像一首优美动人的诗歌。顺峰山庄的这款新潮佳肴被录入了《顺德美食精华》《寻味佛山》之中。有诗赞曰：

桂花炒珧柱的美味故事

黄花吐艳腿蓉香，贝味奇鲜蟹柳长。

更有银丝神似翅，一盘金玉一诗章。

有一个真实的故事：著名美食家蔡澜先生曾慕名到勒流宏图海鲜酒家觅食。当他品尝了桂花炒珧柱后为之倾倒，并屈尊深入厨房，向厨师请教把豆芽炒得既干身又爽脆的诀窍。此前有食客咬定是桂花炒鱼翅，可见此菜已做出了桂花炒鱼翅的神韵。

桂花炒珧柱（日盛世濠提供）

凤巢三丝

2011 年，南方医科大学顺德校区学子，开展了“发现顺德美食故事”的活动，其中一个小组探访凤巢三丝的传奇。

据《顺德县志》记载：凤巢三丝又称三丝凤凰巢。此菜“始制于清代，因用三种丝状食料与纵横交织若鸟巢的炸鸡（雅称‘凤’）蛋丝制成，故名”。这三种丝分别是鸡丝、卤猪舌丝和卤猪肚丝。此菜的特点是鲜香味美，肉质爽嫩，色泽和谐，造型美观，曾在法国马赛市供各界名流品鉴。

凤巢三丝是在传统顺德菜凤城炒三丝的基础上，注入凤巢的概念逐渐改良而成的。炒三丝并不固定炒哪三种丝状料，为了缩短加热时间，保证各料同步成熟，就把它们切成大小、厚薄、粗细一致的丝状，然后“急火快炒”，做到“仅熟为佳”，讲究镬气，是凤城小炒的范例。

凤巢三丝（日盛世濠提供）

凤，是传说中的神鸟，形象美丽，寓意吉祥，我国历来有“凤凰来仪”“筑巢引凤”等传说。大良因有凤（凰）山而雅称“凤城”，顺德人自然对凤凰有一种亲切感。顺德的吉祥菜、诗词菜、戏剧菜凡有“凤”这一形象的，大多以鸡来借代，所以凤巢三丝中有鸡丝和鸡蛋丝便顺理成章了。

凤巢三丝创造性地用多种食料纵横交织成类似鸟巢的形状，引出了种种仿效菜式，并逐渐演变，定格而成粤菜中鹊巢形象和制法。所以，在传统筵席上，凤巢三丝地位较高。过去男尊女卑，筵席上男席有凤巢三丝，女席相应菜式仅为什锦肉丝。有诗咏凤巢三丝：

烹巢引凤治三丝，笋作梧桐韭作枝。

更借芙蓉添秀色，厨乡小炒美如诗。

琵琶豆腐

西施琵琶豆腐（陈珠再传弟子蒋志刚制作、拍摄）

老一辈凤城厨师陈珠师傅，是民国时大良红庙人，因擅长勾芡，芡色透明清亮形似玻璃，绰号“玻璃芡”。清末民初时他创制名菜“五族共和”，巧用银耳、云耳、石耳等五种不同颜色的菌类原料切丝，煨味，炒熟成菜，呈五色，象征“五族共和”，此菜曾风行一时。他又别出心裁，精选形似“雀脷（舌）”的龙井茶的嫩芽，用沸水滚过，煨以上汤，然后捞起，与蟹蓉同烹而成精品菜“蟹蓉雀脷”。

有一次，陈珠师傅与当时的广东省财政厅厅长区芳浦的家厨举行烹饪比赛。他苦思良久，决意以巧取胜。他把鸡蛋清打匀，分放若干瓷制汤匙内，撒上虾籽，入笼屉蒸熟，勾上汤薄芡，淋于蛋面，遂成“琵琶豆腐”。此菜巧借形似乐器琵琶的汤匙为模具，蒸成小巧玲珑的“琵琶豆腐”，造型优美；再者，把滑嫩的蛋清蒸到刚熟，形似豆腐，以假乱真而胜于真，又有浅红色的虾籽和翠绿的芫荽叶装饰点缀，吃起来嫩而滑，闻起来清而香，看起来艳而雅，妙绝！正是：

清蒸蛋白雪无尘，巧借银匙化玉身。

以假乱真真逊假，琵琶豆腐美撩人。

据说，当时区芳浦的家厨根本没料到陈珠师傅有此“神来一菜”，当场气坏了。

“琵琶豆腐”后来成为一款著名粤菜，它还衍生出“西施琵琶豆腐（加豆腐、虾胶同蒸）、翠绿琵琶鱼丸（加菠萝汁打成的鱼青丸同蒸）、琵琶鹌鹑蛋（加已浸熟去壳的鹌鹑蛋同蒸）等菜式。”现流行的“养生豆腐”其实也是从“琵琶豆腐”衍生而来，只是没有“琵琶”的造型。

陈珠的再传弟子、法国蓝带协会会员蒋志刚先生用虾胶、豆腐同蒸，以火腿片与芫荽点缀，烹制出更加惟妙惟肖的西施琵琶豆腐。

3

餐桌妙品数德禽

顺德白切鸡
凤城四杯鸡
八珍盐焗鸡
状元盐烧鸡
瓦罉花雕鸡
凤城脆皮鸡
脆皮糯米鸡
……

顺德白切鸡

顺德白切鸡（皇帝酒店提供）

白切鸡，粤菜第一名鸡，顺德人的至爱。

白切鸡的真味是顺德土著的集体记忆。1987 年的一天下午，一位从加拿大回乡探亲的顺德老华侨，到一家餐馆品尝了半只清香爽滑的白切鸡，勾起了思乡之情，于是追加了一只“全鸡”（保留鸡脚鸡爪的白切鸡），拿回老家祭祖。后来店主根据老华侨这段吃鸡情缘，把该店的白切鸡改名“思乡鸡”。2011 年 11 月底，塞舌尔共和国社会发展和文化部部长伯纳德 • 山姆莱（中文名岑宗兴）回到顺德乐从沙滘北村寻根祭祖，这位“顺二代”乡音已改而乡情不变，他用英语说，自己最难忘的是小时候母亲用顺德菜做法烹饪的白切鸡。正是：

凤凰出浴见元真，白切从来最喜人。

赤子思乡寻旧梦，重洋远涉祭芳魂。

在当今，顺德各大酒楼都有靓白切鸡应市。其制法在《顺德美食精华》一书中概括为一句话：“用 90℃水温将鸡浸熟，然后将冷水喷淋于鸡上，再把鸡切件，和姜、葱、蒜蓉等调味料分别上碟即可。”然而烹制时各有秘不示人的核心技术。

白切鸡最能体现顺德人对“食出真味”的执着追求，但却成了向外地推广顺德菜难以绕开的一道难题。“顺峰”进入北京之初，曾因白切鸡骨头带血丝而一度被北京人误解为“没熟”，一些性急的北京纯爷们还为此拍了桌子。后来做了大量解释说服工作才逐渐被北京人接受。这算是顺德白切鸡的一段佳话。

凤城四杯鸡

凤城四杯鸡（皇帝酒店提供）

老饕停箸喜吟哦，指点金禽妙语多。

调料四杯融美味，佳肴饮誉贵谐和。

四杯鸡因用四杯调料——一杯油（今用醋）、一杯酒、一杯糖、一杯酱油调味而得名。制法是先将鸡下锅上色，慢火加热浸熟，取起斩件，淋上原汁便成。此菜的特点是食味调和。一杯油，给鸡带来了特有的香气，富于光泽的质感和醇美适口的滋味；一杯浅色酱油（生抽），给鸡肉带来了棕红鲜艳的色泽和清而不淡、鲜而不浊的美味；一杯酒，酒中的醇类和鸡肉的脂肪酸、有机酸、无机酸等产生酯化反应，生成不同香型的酯类物质，从而产生强烈的香气；一杯糖，其甜味能够起到调和各味的作用。凤城四杯鸡被评为2015全民最爱十大顺德菜之一。

关于四杯鸡的来历，可谓众说纷纭。一说是来自三杯鸡。三杯鸡起源于一个爱国狱卒用三杯调料把鸡蒸熟，以祭民族英雄文天祥之灵。文天祥就义后，他的后人遭元兵追杀，其中一支逃到顺德三面环水的马冈乡安家，并把三杯鸡的制法带来顺德。顺德人加以改进，创制了四杯鸡。另一说法是温新师傅创制。温新出身厨师世家，早在抗战前已在番禺大冈入行，以善于烹鸡著称。20世纪70年代后期，各行各业都推行“优选法”，实行技术革新。当时凤城第一食堂（即桥珠酒家）牵头，联合顺德县城各饭店酒楼的技术精英，举办了一场优选新菜大评比活动。温新师傅制作的四杯鸡金黄剔透，皮爽肉滑，鲜味浓郁，在几十个参赛菜式中脱颖而出，被评为一等奖。后来，各饭店酒楼纷纷仿制，四杯鸡声名远播，成为顺德名菜。

八珍盐焗鸡的美味故事

八珍盐焗鸡

八珍盐焗鸡又名“荷叶盐鸡”，是名扬国际的一款珍品，其创制者是蜚声中国厨坛的烹饪大师，上海锦江饭店原总厨萧良初。

萧良初是顺德杏坛高赞人。根据“锦江”原始档案记录，1951—1984 年间，萧师傅曾为一百多个国家的国王、总统、首相、总理等政要精心安排菜式，掌勺烹调。1972 年，时任美国总统尼克松与周恩来总理签署震惊世界的《中美上海公报》后举行的盛大国宴，就是以萧良初为首的“锦江”厨师们精心策划、组织烹调的。

1952 年，萧良初受上海市长陈毅推荐，作为新中国首位出国表演的厨师，在莱比锡国际博览会上，烹制了八珍盐焗鸡，荣获烹调表演金奖。1961 年，萧师傅受

八珍盐焗鸡（凤城好记提供）

周恩来总理亲点，用八珍盐焗鸡招待参加扩大的日内瓦会议各友好国家代表团，受到了各国嘉宾的交口赞誉。

萧良初对传统广帮名菜古法盐焗鸡加以改良精制，先用鲜荷叶再用纱纸裹住光鸡以及“八珍”料——鸡肝、鸭肝、腊肉、腊肠、腊鸭肝、腊鸭肠、腊板底筋、酱风鹅粒，埋入炒至灼热的粗海盐中焗至近熟，再加小火焗至全熟。成菜氤氲着鲜冶的鸡肉香、浓郁的盐香、清新的荷叶香和馥郁的腊味香，具有健肾强体功能。萧良初回顺德休假期间，在清晖园县委招待所把这道佳肴的制法亲授给与他并肩下厨接待省委领导同志的欧阳洪先生。在第七届中国岭南美食文化节“名菜复兴经典传承”顺德精品宴上，八珍盐焗鸡重出江湖并广为传播。有诗咏八珍盐焗鸡：

巧改盐烹古配方，荷包腹裹八珍香。

风靡国际名鸡馔，幸赖南萧[①]赋味长。

① 南萧，指萧良初，他与北京饭店的范俊康并称“南萧北范”。

古灶柴火焗鸡

古灶柴火焗鸡（番禺近水楼台文化农庄提供）

位于番禺的近水楼台文化农庄是广州20家美食地标店之一，其招牌菜古灶柴火焗鸡是地标美食。

文化农庄的庄主冯达汉先生出身于顺德大良的一个餐饮世家，祖父冯泽民是百年老字号“冯不记”的创始人，父亲冯沃曾在广州酒家站“二镬”[①]。冯达汉本人在“广州第一家”学习、磨炼了10年：营业，学广州最著名的“师爷”[②]梁镜；烹饪，学名厨陈明；管理，学“粤菜教父”温祈福。到自立门户时，已经修炼成一个文武双全的好汉，经营管理的达人。

2013年，冯达汉开了自己的第三间店——近水楼台文化农庄。为了营造农庄的文化氛围，他请来了白天鹅宾馆“玉堂春暖”的设计者陈立言绘制蓝图；为了强化顺德饮食文化的田园味、家常味、怀旧味，冯达汉请来了两位80多岁的老工匠，包吃、包酒、包烟，用一块块旧砖，前后用了3个月，垒砌成一座传奇土灶，用来烹制农庄的招牌菜——古灶柴火焗鸡。

原来，冯达汉油然想起儿时尝惯的“阿人”（奶奶）的味道。他的奶奶姓龙，是大良富家女，做得一手好菜，擅长用三杯调料烹制焗鸡，爱与丈夫喝两杯小酒享受人生。冯达汉不忘初心，秉承“十全十美”的祖训，让三杯焗鸡重出江湖。为了确保旧味“不折不扣”，他指定用古灶、柴火、清远鸡、一杯糖、一杯酱油、一杯花雕酒，再加上一位专职阿姨，精心烹制。这道焗鸡鲜香扑鼻，回味悠长，让人吃了一定“回头”，被专家认定为广州地标美食之一。正是：

燃柴古灶焗鸡香，作料三杯赋味长。

世代相传怀旧菜，高标一树众趋尝。

---

① “头镬”为粤菜宗师黄瑞。

② “师爷”为楼面部经理的旧称。

瓦罉花雕鸡

瓦罉花雕鸡（黎永泰烹制，顺德厨师协会提供）

李权时、韩强主编的《岭南文化》一书中记载："花雕鸡，北园酒家名厨黎和创制，为该店十大名菜之一。"

黎和是顺德杏坛人。20 世纪 60 年代，黎和将花雕肥鸡的传统烹制方式做了改良，将原来一个铝锅放几只鸡一起制作，改为用瓦罉（沙锅）放一只鸡，将花雕酒和味料放入煎焗而成，称为北园花雕鸡。制作时，先将光鸡放入沸水中烫一下，捞起晾干水分后，在鸡身上涂上蜜糖，再用蜜糖、蚝油、调味料及上汤调成味汁。用猛火烧热瓦罉，放入肥肉片，待肥肉榨出油后，把鸡放于肉上，翻煎至金黄色，即加入姜、葱，倾进花雕酒略煎片刻，添进料汁加盖，猛火烧沸后用慢火焖熟。至上桌时才揭盖，顿时香气四溢，品尝起来肉鲜嫩滑，有特别的芳香。原澳门商会会长何贤先生参加中国进出口商品交易会时常到"北园"品尝此菜，赞道："花雕鸡的汁特别好味。"

美食评论家认为，瓦罉花雕鸡"开了在整鸡烹调中以酒香衬托鸡香、调和滋味的先河。使鸡味独特，具有特殊香气"。花雕酒有一种特殊的性质，就是酒在凉的时候并不香，而在热的时候特别香。在用花雕酒焗鸡的过程中，酒中的乙醇与鸡肉脂肪中的脂肪酸发生化学反应，生成芳香的酯，使菜品甘香诱人。有诗咏曰：

金风玉露赋香魂，雪作肌肤品独尊。

顺德名厨灵感动，花雕凤馔献轩辕。

瓦罉花雕鸡传回顺德后，凤城厨师加以改进，在 1990 年大良桥珠百鸡宴上，就有花雕鸡飨客。原清晖楚香楼的花雕鸡，被载入《顺德美食精华》一书中。

状元盐烧鸡（一家人饭店提供）

状元盐烧鸡

创自伦教熹涌大景小菜（一家人饭店）的瓦缸盐烧鸡用盐焗鸡的方法调味，用烧鸡的方法烹制：将山坡走地土鸡治净晾干，加入炒香热粗盐藏严，以纱纸裹好，挂入大青酒缸内，下燃无烟实身木炭炙熟。成菜风味介乎盐焗鸡与烧鸡之间，既有盐焗鸡的盐香，又有烧鸡的焦香，却没有烧鸡的燥热。由于火候恰到好处，又有纱纸保护，表皮呈现自然光泽而不焦黑，并能让鸡肉保持鲜美的肉汁，吃来使人齿颊留香，且感到体泰心悦。

这款瓦缸盐烧鸡又名状元盐烧鸡，有着深厚的文化内涵。

话说南宋景炎元年（1276年），宋军败北，端宗南徙。籍贯伦教熹涌的状元张镇孙起兵勤王，一举收复了陷落三个月的广州城。城内居民欢欣鼓舞，纷纷前来犒赏三军。张镇孙深知元军即将大兵压境，为激励士气，表达破釜沉舟与敌死战的决心，乃令巧匠凿穿酒缸底部，置炉胆之上，另把鸡用盐腌透，悬于酒缸内，燃炭把鸡烤熟，与将士们大啖痛饮，以誓师明志。

数百年后，张状元家乡熹涌的厨师经潜心研发，反复试验，将瓦缸烧鸡加以改良，推出市场，让它香飘岭南，不仅使世界美食之都顺德增添了一道亮丽的色彩，而且恢宏光大先贤遗志，造福乡梓，的确可喜可贺！

有顺德美食竹枝词咏唱状元盐烧鸡：

救国安民志未酬，魁星热血写春秋。

红光抚炙金鸡唱，闹得香风满玉楼。

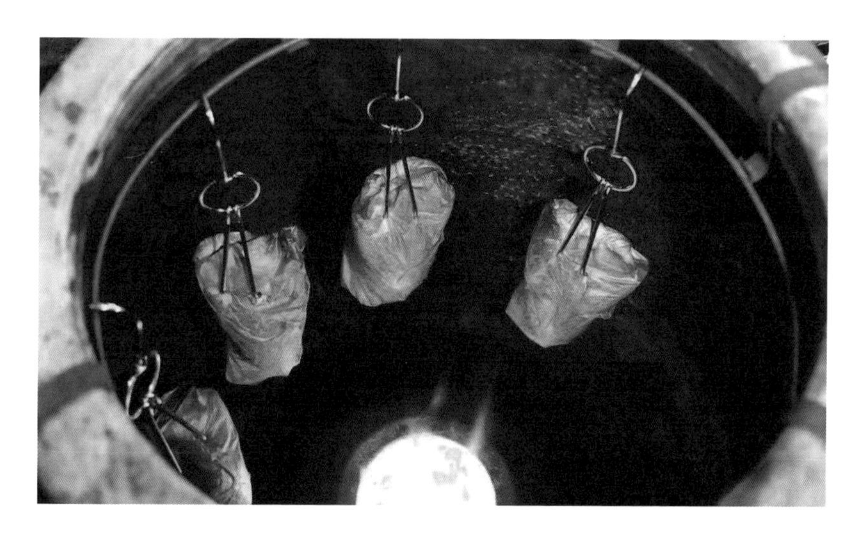

状元盐烧鸡在烤制中（一家人饭店提供）

金牌脆皮鸡
（皇帝酒店提供）

凤城脆皮鸡

凤城脆皮鸡的美味故事

顺德传统名菜“凤城脆皮鸡”为20世纪20年代大良宜春园酒家（故址在华盖市场内）所创，早于20世纪40年代后期问世的广州大同脆皮鸡。但原菜系将鸡上脆浆用油炸熟，皮脆而硬。后来由顺德籍著名烧腊师梁冠执掌烧味部的大同酒家，以熟炸法烹制大红脆皮鸡，此鸡以“皮脆、肉嫩、骨香”称雄粤菜食坛近半个世纪，后因脆化不持久而受到吊烧鸡的冲击。而在香港，曾创“满汉素席”而加冕“斋王”的顺德名厨李君白也擅长荤菜制作，他创制的脆皮炸子鸡逐渐走红。有60多年历史的凤城酒家用生炸法克服了熟炸的缺点，被赞为“新鲜生炸皮脆肉嫩的一级好鸡”（见欧阳应霁《香港味道》）。在顺德，皇帝酒店的脆皮鸡其脆感能保持一个多小时，被评为2007顺德金奖菜。而由顺德烧腊名师潘豪烤制的凤城片皮鸡，经“顺峰”厨师成功演绎，被北京人民大会堂列入国宴菜单，同时位列“顺德六大名鸡”中。有诗咏凤城脆皮鸡：

宜春有凤早当红，肉嫩皮酥胜大同。

不是斋王荤也擅，香江绝品或成空。

香港凤城酒家的脆皮鸡先用盐涂遍全鸡，腌入味后再洗净盐，以免油炸时抢火。将鸡以大热滚水“收皮”，并在滚水中轻拖又不让熟至出油，待鸡皮收紧后放进以麦芽糖、白醋和盐调成的“鸡水”里浸一浸（称“上皮”），在通风处吊起，风干。客人点菜时，先用中火烧暖油，淋于鸡身提温，再用大火滚油炸至鸡皮香脆金黄而鸡肉依然嫩滑，使之成为香港鸡肴中的绝品。

凤城脆皮鸡（日盛世濠提供）

脆皮糯米鸡的美味故事

脆皮糯米鸡

提起糯米鸡，多数人会联想到作为茶点的糯米包鸡块。而近有美食探子报称：逢简水乡一家私房菜馆新推出的“脆皮糯米鸡”却是一道鸡包糯米的菜肴。

可能年轻人并不知道，至少几十年前，这种鸡包糯米的糯米鸡曾风行顺德食坛。1997年出版的《顺德菜精选》中就载有此菜。改革开放初期，顺德籍富豪李兆基先生的父亲李介甫获准移居香港，辞行前所设家宴上就有“脆皮糯米鸡”一菜。逢简的私房菜馆在中国烹饪名师伍国兴师傅的协助下，成功地让绝迹几十年的顺德失传名菜“脆皮糯米鸡”重现江湖，这本身就是一大贡献。

何况，新推出的“脆皮糯米鸡”还与时俱进，对传统制法做了几点改进：一是把先前将生糯米、瑶柱、冬菇等“八宝”酿入鸡腔，改为塞进糯香绵软的生炒糯米饭，绝无夹生之虞；二是以前把酿好的鸡先炖焓，上蛋粉浆入油浸炸，如今改为风干后入烤炉烤制，烤得甘香松脆，有标准可依；三是选料严格，只选七八个月大的靓鸡，保证皮肉鲜嫩。制作过程也十分细致严谨：将鸡褪骨后腌足一天；鸡塞入馅料后还需经过4个小时的自然风干，才能入炉烤制。整只鸡的加工烹制要耗时两天！

这道“脆皮糯米鸡”既保留了精工制作、不厌其烦的顺德手工菜的传统，又体现了开拓创新的精神，难怪能吸引大批嘴刁的美食家如梁文韬等前去品尝。正是：

腹满奇珍散异香，皮甘肉嫩诱人尝。

新烹妙制私房菜，不复当年老凤凰。

脆皮无骨糯米鸡（杏坛逢简水乡人家私房菜提供）

大良污糟鸡（日盛世濠提供）

大良污糟鸡

铜盘正菜吐甘香，姜枣深红配浅黄。

隔水蒸来鸡嫩滑，人间美味在农庄。

这首诗咏的是20年来风靡珠三角的大良污糟鸡。

污糟鸡初名“润皮鸡[①]”，因店主绰号而得名。店主姓康，在顺德大良高坎路旁开了一家小饭店。他的父亲善于挑选新鲜优质食材，在饭店后面的菜地圈养了一些鸡味很浓的走地鸡，店主将靓鸡随宰随蒸，并且割去相对粗糙的鸡胸肉，起去硬骨，把鸡肉切成骨牌件，所以成菜骨软肉滑。另外，配料专挑自然、原始、土得掉渣的物料，最有特色的是桂洲（今容桂）农家种植、腌晒的溏心淡口大头菜（亦称“江南正菜”），以突出乡土风味，有利于引出鸡肉鲜味，同时也不会因为太咸而掩盖鸡味。另外，配料还有清甜的红枣、脆嫩的葱白、嫩黄微辣的姜蓉和香浓微辛的白胡椒粒，使成菜富于色彩美和食味多元化。店主还接受一位曾从事技术革新的老师傅建议，用大铝盘或铜盘盛装，把鸡件薄薄地均匀平铺（不重叠）在大盘上，放入农家大灶上隔水蒸熟。这些金属大盘传热性能好，仅蒸5分钟就能出锅，使广东人执着的所谓“鸡味”，得以在最短时间里被热力尽逼出来。加上木质锅盖独有的吸水性能，不让蒸馏水滴落到鸡肉里。省港著名美食家蔡澜、唯灵、梁文韬、沈宏非、庄臣对被误称“污糟鸡”的铜盘蒸鸡大加赞美。而污糟鸡还引来了“邋遢鸡”“路边鸡”等模仿者，成为广东农家蒸鸡的代名词。

综合起来，污糟鸡所谓“污糟”，其实是似贬实褒，似拙实巧，乃返璞归真，体现出顺德厨师苦心经营的一种农家田园风味。

---

① 润（读第一声）皮，顺德方言词，意为“韧皮”，形容人不听话，冥顽不灵。

玫瑰豉油鸡（容桂大快活酒楼提供）

玫瑰豉油鸡

玫瑰豉油鸡是中华餐饮名店容桂大快活酒楼的招牌名菜。那鸡肉的嫩，玫瑰的香，卤水的鲜，着实引人垂涎。

玫瑰豉油鸡，是顺德容桂籍烧卤大师杨海在泮溪酒家主理厨政时改的芳名，原名筒子油鸡。据《粤厨宝典》载，此菜创于20世纪20年代。当时广州姑苏菜馆陆羽居刚开业，大厨“捞松敖”一改广东白切鸡水浸或汤浸的做法，改用浅色豉油（生抽）浸鸡。为克服豉油偏咸而香味略显单调的不足，他率先运用冰糖、甘草、罗汉果等作甜味剂，熬成精卤水浸鸡，并想出在鸡的肛门上插进一段空心小竹筒让卤水顺利流进鸡腔内的妙法。这样卤制的豉油鸡红彤透亮，皮爽肉滑骨透芳香。从此，豉油鸡与白切鸡一红一白，鸳鸯成趣，构成粤菜传统卤浸品牌“双子星”。正是：

巧将筒子送芳香，卤水增鲜味胜常。

小凤娇容从此改，肌肤艳冶泛红光。

说起容桂大快活酒楼的玫瑰豉油鸡还有一段“古”（故事）。该店的创始人叶志光先生（志哥），于1984年在深圳与李嘉诚资深私厨容沛光大师结缘。志哥的诚意打动了容大师。容大师把制作玫瑰豉油鸡的秘技传授给志哥。从此，玫瑰豉油鸡成了志哥手中的一张王牌。香港同胞闻香而至，当时，每天仅通过外卖就售出豉油鸡上百只。不仅如此，志哥的豉油鸡还得到当时深圳市长梁湘和中山市长汤炳权的激赏。1996年，志哥艺成回乡，创立了大快活酒楼，玫瑰豉油鸡顺理成章“飞”上了该店的招牌。2017年，志哥用玫瑰豉油鸡等菜，招待了以中国烹饪协会副会长边疆为首的专家评审组。

生财显贵鸡

生财显贵鸡的美味故事

玉树临风引凤鐎，携香直上惠如楼。
征祥问鼎春茗菜，显贵生财食可求。

远眺顺德顺峰山公园牌坊

这首诗吟咏的是新春吉祥菜——生财显贵鸡。在此菜中，生菜胆代表“生财”，蚬蚧酱表示“显贵”。和味蚬蚧是顺德一带具有风味特色的水产佐料佳品，它是以蚬肉为主要原料，加入汾酒、辣椒、姜末、陈皮丝、香料和精盐发酵而成，色鲜且味美香浓，被香港美食家黄雅历先生赞为“十分冶味，撩人食欲”，被美称为“水乡 XO 酱”。以和味蚬蚧为佐料烹制而成的生财显贵鸡原是一道顺德传统菜，名叫翡翠蚬蚧鸡，此菜传至广州，成为著名食肆惠如酒家的成名菜——菜胆显贵鸡，再传至香港，成了吉祥菜生财显贵鸡。此名传回顺德，吉祥意蕴让顺德人在酒楼的开年（大年初二）宴、年初八的“春茗”上，把生财显贵鸡放到主题菜的首要位置上，正应了“半靠佳肴半靠名”这句老话。

制作此菜用汤浸法。把光鸡治净，放入汤罉来回烫几次，使鸡腔内受热均匀，再用慢火煮上汤把鸡浸熟（注意：罉不加盖，汤不烧沸），熟后随即过冷开水泡凉，斩件上碟，拼成鸡形。另把调好味的姜葱末、蚬蚧酱分别用沸油溅香，然后会合和匀，淋上鸡肉表面。将生菜胆加味炒熟，分伴于鸡的两边。这道菜鸡肉皮爽肉滑，生菜胆清雅脆嫩，蚬蚧酱和味可口，富于吉祥色彩。

有人认为蚬蚧酱是生蚬腌制的，担心吃了会引起肠胃不适。但烹制此菜时，蚬蚧酱已经用沸油溅香，不仅可消除“生吃”的疑虑，还能辟去蚬蚧的酒味，把蚬蚧鲜味逼入鸡肉里，这一溅，可谓“神来之笔”。

滴液熏香鸡

“滴液熏香鸡”又名“凫洲熏香鸡”，俗称“吊针鸡”，由均安名厨李祐枝师傅创制。李师傅从医院打点滴输液上受到启发，将备好的用桂皮等14种香料提炼成的溶液装进一个倒悬的瓶中，通过一条插进瓶塞里的小胶管，均匀地把香液滴入加盖的锅里，锅里装有滚油，香液与滚油幻化为香气渗入鸡的体内，把鸡熏约35分钟至熟至香。这种烹法的好处是定量化，避免了手工调味不均匀的缺陷。另外，调味是在密封烹器中进行，香气能最大限度发挥熏制作用，能深入肉骨，因而使鸡皮脆肉滑，香气浓郁。有诗赞道：

悬瓶滴液赋灵光，馥郁氤氲浴凤凰。

入肉三分鲜彻骨，创新名菜远流芳。

这一另辟蹊径的制法创意十足，曾在1991年佛山美食节中荣获大奖，又获顺德创新奖，2000年，受顺德饮食协会推荐，在广州举办的全国厨师节上做热菜表演，获得好评。后来，“滴液熏香鸡”又在2002年顺德美食节上荣获金奖。此鸡还“飞”进了“顺德十大名鸡”之列，被群众誉为“从大排档飞出的金凤凰”。香港原亚洲电视台《味是故乡浓》节目、广州《美食导报》都曾对“凫洲熏香鸡”作过报道。2010年中华美食频道《行走的筷子》栏目组以《吊起来烹，扣起来蒸——吊针鸡》为题作了深入介绍，使“滴液熏香鸡”香飘国际。同年，该菜被评为均安十大名菜之一。

值得一提的是，用这种熏香法还可以制出熏香蟹、乳鸽、乳鸭、猪手、缩骨大头鱼等。

凫洲熏香鸡在制作中

凤城骨香鸡（顺德名厨林潮带烹制）

凤城骨香鸡

顺德人注重物尽其用，又烹技了得，多有一料多制、一菜多味的巧手制作。凤城骨香鸡就是一例。

相传旧时大良有一家中药铺，铺号“橘香斋”。店主省吃俭用，只在每月初一、十五“做祃”（拜祭神明）时，餐桌上才添加一味鸡肴。因“打牙祭”机会难得，伙计们都十分珍惜眼前的美味，连鸡骨头都吮了又嚼，反复咂味。火头[1]见状，心有所悟。后来“做祃”时，他起出鸡肉切小块，炒成嫩滑惹味的鸡球；把剩下的鸡骨斩件炸香，用来为鸡球垫底。这一鸡两味的新菜得到了店主和伙计的赞赏。为了提炼出此菜骨香的特点，又为留住创自本店橘（在粤语中，“橘”与“骨”谐音）香斋的历史记忆，就把菜肴命名为“骨香鸡”。

后经历代厨师改进优化，骨香鸡不仅成了顺德历史名菜，还传至岭南各地，成为有名的广府菜，被收录入《万家粤菜一本通》中。香港凤城酒家先将鸡骨斩成小块，调味上粉拌匀，用中火炸脆；然后巧用蚝油为鸡球提味增鲜，炒熟，铺在炸好的鸡骨上面，制成“精致凤城小菜”蚝油骨香鸡，并将制法载入《顺德真传》一书中。香港顺德菜泰斗谭国景老师傅揭秘说：“要用慢火将鸡球走油，这样才有肉汁。”他在“赏味”一节中写道：“这菜最能体味顺德菜的精髓，因厨师完全可以显露厨艺，连鸡骨也能做出美味的食物来，有心思。”有诗吟咏凤城骨香鸡：

巧手烹成两味鸡，骨香肉滑盛名题。

厨都食事崇精美，用足心思品怎低？

---

① 火头，指商铺或工厂等雇用的厨师。

铜盘锡纸焗鸡（师傅仔饭店提供）

铜盘锡纸焗鸡

铜盘锡纸焗鸡
的美味故事

金城锡帐演兵忙，铁距朱冠气势昂。

可笑引吭虚饰勇，焦香一焗便微黄。

这首诗用调侃的口气，写气宇轩昂的鸡经锡纸铜盘一焗，便成焦香微黄的佳肴美食了。

铜盘锡纸焗鸡即席上烧鸡，据说来自发菜钵头鸡。师傅戴着防热手套，拿着裹以锡纸（铝箔）的铜盘在炉上来回烤，时间一到，剪开锡纸，便见铜盘内的鸡肉、红枣、蒜子等热气腾腾，鸡肉香口滑嫩而呈微黄，盘里一滴汁液都不落（là，遗留），成菜相当清爽。这种制法最大程度保住了鸡肉的原汁原味，味道比蒸鸡更为浓郁。铜盘锡纸焗传热快，保温好，使菜肴焦香味美，给人以高档洁净之感，还增加了亲和力。再加上“堂做”“席上”，更具有吸引力。

而它的“前身”发菜钵头鸡已有相当长的历史。其制法是取钵头一只，放肥肉一片垫于钵底，放上发菜，发菜上放已调味的鸡件（拼成鸡形），用纱纸蒙住瓦钵，将瓦钵放到煤炉上烤至纱纸微脱便成。可见铜盘锡纸焗鸡无论在烹器、方式还是环境方面，比传统菜式都有了质的飞跃，是创新顺德菜式代表之一。

铜盘锡纸焗鸡（日盛世濠提供）

大鸡三味

2017年，大良十二道风味（第二季）评选结果揭晓，大鸡三味低调入选，让不少年轻吃货颇感意外。

据评委会发布的“精选推荐”介绍，“大鸡三味就是一鸡三味，用炒、蒸、浸的方式把鸡肉做成三种味道，是五六十年代的菜式，如今已逐渐被人遗忘。不少酒楼饭店将其重新推出，希望能让更多人找回那曾经熟悉的味道。”

众所周知，20世纪五六十年代，是国家实行计划经济的时代，也是物质相对短缺的时代，是一分钱也要掰开两半花的时代。那年头，一般草根家庭难得吃上鸡肉，所以有机会宰上一只鸡，就会想方设法多做几味菜，以便招待更多亲友。酒楼食肆自然也要一料多做，让更多食客能打上牙祭。这是不得已而为之的事。

大鸡三味（大良海滨酒楼提供）

然而许多读者或许不知，大鸡三味最初竟是广州著名食府北园酒家的招牌菜。“北园”始建于20世纪20年代，原是一家郊野酒家，环境清幽，有“山前酒家，水尾茶寮”之称。20世纪40年代后期，酒家把大鸡三味当作招牌菜式，走地鸡即选即宰后，炒、焖、煎、蒸、炸、汤等方法让食客任选三款。这种独特的经营手法，大得食客欢心，引得当时不少军政要员、著名艺人光顾。大鸡三味的亮点是尊重食客的品味选择，体现了那个时代酒楼食肆贴心的个性化服务。解放后，随着黎和、廖干、陈华、胡卓等顺德籍名厨加盟“北园”，大鸡三味传回顺德，成为酒楼的保留菜式。有诗咏曰：

山前水尾气清新，走地鸡肴更喜人。

浸炒蒸煎随客点，温情服务见精神。

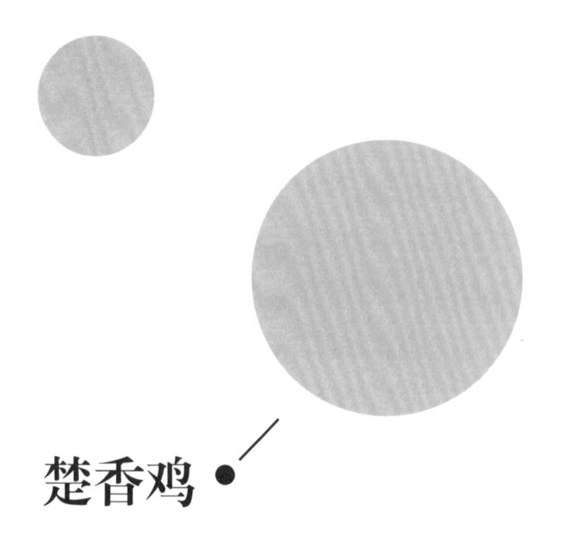

楚香鸡

这是顺德传统风味荟萃之地——前清晖园楚香楼的招牌鸡。

楚香楼于1987年9月28日正式开业。为了庆祝酒楼开业，顺德名厨康海挂帅研制一道招牌鸡。清晖园此前是顺德县委、县政府招待所，与清远县党委、县政府招待所是兄弟单位。传说，大良与清远都雅称“凤城”，大良的凤为雄性，清远的凤（即凰）是雌性，大良的凤与清远的凰曾喜结连理。凭着这些缘分，楚香楼通过清远县委、县政府招待所，精心购得著名清远麻鸡（来华访问的美国时任总统尼克松、日本时任首相田中角荣等多位外国元首曾慕名品尝过这种肉质嫩滑、味道鲜美的名鸡）。康海师傅等人经过多次试验，采用峻鲜的珧柱、虾米、猪骨等熬制的顶汤，把光鸡浸熟，并创造性地用鱼生的辅料——草果为鸡增香。香港电视台来顺德报道美食，把

顺德李小龙乐园

此鸡称为“楚香鸡”：既指楚香楼的招牌鸡，又寓草（在顺德话中，“草”与“楚”谐音）果添香之意。

楚香鸡伴随着酒楼开业的鞭炮声隆重推出，即广受食客欢迎，每只售价60元（这在当时是高价），并在1999顺德风味美食节上被评为“最受欢迎菜点”之一。据2000年8月12日《顺德报》报道，楚香楼开业时，在助兴活动中，有人出2000元购得一只楚香鸡，可谓天价！2012年，康海的大儿子康志云回顺德掌勺，让楚香鸡重上顺德人的餐桌。

楚香鸡的美味故事

有诗咏楚香鸡：

清晖食府喜新张，爽滑麻鸡白切香。

顺德佳肴清远出，传奇一品凤求凰。

鲜汤浴罢雪乡藏，嫩滑香浓泛亮光。

更缀油麻如碎玉，手撕鸡味压群芳。

此诗所咏的香麻手撕鸡是勒流的一款传统名菜，现在仍然深受食客欢迎。勒流一代名厨张远曾对此菜做了改良。主要是简化了手工撕鸡的制作，将传统的盐焗改为水浸，然后加芝麻、麻油、猪油拌匀而成。有人把这一改良戏称为“狸猫换太子”，其实，用水浸熟的手撕鸡格外嫩滑，与盐焗的风味各有千秋，而坐收省时省工之利。

张远，出身黄连烹饪世家，师从勒流永乐大酒家名厨罗二，厨艺了得，是 20 世纪 50—80 年代勒流厨坛的台柱。张远善于学习、改良和创新。他曾到广州北园酒家等名店，学会了凤眼润、东江盐焗鸡、白水猪肚等菜的制法，然后加以改良。香麻手撕

香麻手撕鸡

香麻手撕鸡（福盈酒店提供）

鸡就是从清平鸡、园林香液鸡等著名鸡肴改良而成的。更令人钦佩的是，到了耳顺之年（60岁）的张远已是名满珠三角，但他还到广州，虚心向粤菜大师黎和等人求教；另一方面，他在自己掌勺的鼎力饭店，以好酒好菜招待回乡休息的北园“烧腊状元”廖干，学会了用白卤水浸鸡的绝招，使香麻手撕鸡味入骨髓。他又把香麻手撕鸡的烹制技巧无私地传授给乐从名厨刘伟和清晖园大厨康海，后者的楚香鸡正是从香麻手撕鸡发展演变而来的。1979年，在一次全国性厨艺表演上，张远曾现场演绎过烹制香麻手撕鸡。

此菜的风味特点在“香”“亮”二字。芝麻炒后香气浓郁，麻油有特殊的香味和极大旋光度，加入一点猪油，更增添了菜肴的香气和光亮，让食客吃后回味不已。

凤城蜜软鸡

凤城蜜软鸡（罗志坚师傅烹制）

芳魂赋自百花精，爽滑鲜甜格调清。

六十年前名馔会，厨乡荔凤艳羊城。

这首诗咏唱的凤城蜜软鸡是一款历史悠久的传统名菜。据一位百岁老人回忆，她在8岁时就吃过蜜软鸡。一位曾在澳门恒生银行掌勺的九旬退休厨师说，他会不定期烹制蜜软鸡，让自己和后代重温旧味。凤城蜜软鸡皮爽肉滑，蜜味芳香，早在1956年广州首届名菜美点评比展览上，从210款鸡肴中脱颖而出，当选名菜。《广州美食》一书记载，“凤城蜜软鸡等鸡类菜25款”入选。1978年，在顺德供销系统技术交流会上，蜜软鸡被确认为大良地区特色名菜。1997年，它被载入《顺德菜精选》中。

当年参展的凤城蜜软鸡制作者利口福海鲜饭店厨师长戴锦棠是这样烹制的：将光鸡放入滚水中慢火浸15分钟，取起拆肉去骨，将鸡肉切件置碟上。将蜜糖（25克）、蚝油、味精、猪油、熟盐与滚上汤50毫升和匀，淋于鸡肉上，食时佐以葱姜（见《名菜美点介绍》）。有人加大蜜糖的分量至50克，分两次使用：先用1/4蜜糖加味料把鸡骨与鸡颈和匀放碟上垫底；第二次把剩下的蜜糖、味料浇在鸡肉上面。后来精选荔枝蜜入馔，易名香荔蜜软鸡，以鲜荔枝肉伴边。另有用菠萝件伴边的，名为香菠蜜软鸡。

此菜的特色是用蜂蜜调味。蜂蜜清香甜美，有“百花之精”美誉。明代药物学家李时珍总括蜂蜜“入药之功”是清热，补中，解毒，润燥，止痛。凤城蜜软鸡是一款夏令佳肴，滋润妙品。

口福鸡又名“柱侯瓦罉焗鸡”，是顺德籍名厨戴锦棠为利口福海鲜饭店创制的招牌鸡。

1939年，顺德容桂上佳市人冼谊在广州银号钱庄林立的十三行路创建利口福海鲜饭店，专门经营顺德风味、凤城炒卖（炒卖即是即炒即卖）。该店顺德厨师甚多，如头砧师傅陈初、烧卤师傅梁秋等，均是顺德人，大伙同声同气，办事好商量。龙江人戴锦棠在这样的环境中如鱼得水，厨艺得以尽情发挥。他擅长凤城小炒，经多年锤炼，升任饭店厨房部长，跻身广州名厨之列。1976年，戴师傅受外交部委派，前往美国纽约，在中国驻联合国总部代表团司厨达5年之久，直至退休回国，为我国对外交往工作做出了贡献。

口福鸡是戴锦棠师傅的拿手菜之一。制法是：将鸡宰净，以柱侯酱、味精、麻油、烧酒与白糖拌匀，遍涂抹于鸡腔内，并放入生葱一两根。将蜜糖均匀地抹在鸡皮上，然后把鸡放入瓦罉内，加花生油，半煎焗约15分钟至熟。取出鸡切件装盘，把原汁加些生抽，淋于鸡上。成菜浓香四溢，吃时佐以姜、葱、盐、油、芥末酱。

口福鸡问世后，即受到国内外宾客赞誉，并荣获广州第一届、第二届名菜美点展览会名菜称号，传回家乡顺德后也大受食客欢迎。在大良桥珠酒家的“百鸡宴”菜单上，就有柱侯瓦罉焗鸡即口福鸡的芳名。

有诗咏口福鸡：

东官[1]勺下凤凰翔，美味氤氲越大洋。

口福利人何所赐？调和鼎鼐柱侯香。

口福鸡

今日“利口福”
（张植林摄）

① 乾隆有御厨戴东官，这里借指戴锦棠。

岭南水乡风貌图

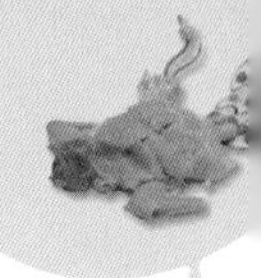

凤城纸包鸡

1990 年大良桥珠酒家“百鸡宴”入场券背面，印有 102 款鸡馔名单，其中有一款如今年轻人比较陌生的威化纸包鸡即凤城纸包鸡；而在 1997 年出版的《顺德菜精选》中，它赫然排名第四。

凤城纸包鸡系由梧州纸包鸡改良而来。1923 年，广西人官良在梧州同园环翠楼始创纸包鸡。1926 年，“南天王”陈济棠为了品尝梧州纸包鸡，不惜从广州派专机到梧州购买纸包鸡回去吃。从此，纸包鸡声名远播。由于梧州毗邻广东，衣食住行和广东相仿，所以梧州纸包鸡应属粤菜菜系。

纸包鸡传到顺德后，凤城厨师对它的用料、制法都加以改进。首先，把炸带骨鸡块改为炸鸡球，进而改为炸鸡丝，配以笋丝、韭黄、葱榄等料，拌以生粉，包成“日”字形油炸。后来，老一辈名厨胡三（绰号“鸭仔三”）更把炸鸡丝改为炸鸡粒，使之更省时易熟。其次，用纸方面也做了改变。原梧州纸包鸡用玉扣纸包着炸，玉扣纸虽有柔韧、耐油、炸时不易破的优点，但缺点是“吃”油太多，造成浪费；而威化纸可以食用，又可增浓焦香味，所以改用威化纸包炸。最重要的是，把不利于人体健康的“万年油”炸改为用新鲜油炸。

虽然近年很多人出于健康的考虑，逐渐远离油炸食品，但凤城纸包鸡所折射出的顺德厨师不懈改良创新的精神，仍然值得大书一笔。

有美食竹枝词单咏凤城纸包鸡：

南天凤舞引琼觞，脍细烹精妙改良。

玉扣争如威化好，新油更比旧脂香。

据《华盖山下》一书中记载:“1951—1952年,中区各界居民认购国家公债,抗美援朝,保家卫国,捐献飞机大炮。”地处大良中区的桥珠酒家,其员工自然不会置身事外。

桥珠酒家名厨龙华(1902—1988)性情温和,处事从容不迫,没有不良嗜好,下班后安静看书读报,待人谦逊有礼,可以代表凤城厨师的正面形象。可这回面对美帝国主义把战火燃至中朝边境,耳边响起了“雄赳赳,气昂昂,跨过鸭绿江”的嘹亮战歌时,他再也难保持冷静。他记得,1938年,为走避日寇铁蹄践踏顺德,自己背井离乡,辗转省城,到刚开业的广州园酒家(在大同酒家原址)从厨。岂料这家新店的幕后老板竟是日本人中泽亲礼。他倚仗日本军方势力大肆宣传,吸引了大小汉奸争相光顾,而广大老百姓却不买“萝卜头”(对日本人的蔑称)的账。龙华知情后即拂袖而去,转赴香港娱乐酒家掌勺。但不久日军又把魔爪伸向香江。无奈之下,龙华只好折返顺德谋生。这段痛苦历史让他认识到:战火之中竟放不下一只铁锅!

为了激励中华儿女投身保家卫国的热潮,龙华决定制作一款寓意艺术菜,以古喻今,用以纪念民族英雄岳飞的母亲刺字教子“精忠报国”的动人事迹,菜名“岳母鸡”。菜中用金针(黄花菜的干制品)象征岳母用针刺字,用云耳表示贤母的教诲回响在儿子耳畔,用正菜(一种大头菜)赞美岳母忠诚正直的品质,可谓独具匠心。这款菜其实就是金针云耳正菜焗鸡。有诗为龙华的匠心叫好:

庖厨七尺未为深,战火燃眉仅一寻!
可敬调和抛镬手,飞针刺字见丹心。

岳母鸡(顺德名厨林潮带烹制)

鱼头焗鸡

鱼头焗鸡（猪肉婆私房菜提供）

2017 年 10 月 13 日，重庆南坪国际会展中心。在第 27 届中国厨师节上，猪肉婆私房菜创始人吴素芬女士领取了全国烹饪饮食界最高荣誉大奖——中华金厨奖。而坐在她身旁的是该店行政总厨李汉明师傅。

李师傅勤于学习，努力钻研，在研发新菜式方面成绩斐然。头菜蒸沙虫、鲜花椒蒸笋壳鱼、黄瓜盅等新菜式都是他的杰作，鱼头焗鸡更是名列 2017 全民最爱十大顺德创新菜，此菜也是双主料菜式的一个成功尝试。

自从清代美食家袁枚《随园食单》问世纪以来，二百多年间一直被奉为烹饪《圣经》，一些论断被视为金科玉律。譬如，袁枚曾说："鸡、猪、鱼、鸭，豪杰之士也，各有本味，自成一家。"又说："一物有一物之味，不可混而同之。"这就是让许多厨师不敢跨越雷池半步的"一菜一主料论"。

敢于创新的李汉明师傅心想，"鱼"与"羊"合成一个"鲜"字。鱼羊鲜并不是仅存于电视剧的虚构菜式，而是活生生的佳肴美食。进而推想：为什么不能让两种主料融合在一道菜中呢?

他借鉴顺德传统的煎焗鸡和煎焗鱼嘴的制法，把二者融于一锅，使鱼头在煎焗时吸收煎鸡留下的油，吸收煎焗鸡的香。通过拌蛋黄而煎，使主料披上鲜艳的外衣；通过溅酒而焗，把米酒的香气逼进肉里。整道菜金灿灿，香喷喷，引人食欲。有诗赞美鱼头焗鸡：

两强联手味交融，凤结鳞缘巧手工。

突破随园唯一律，创新煎焗建奇功。

根哥幢企鸡

根哥幢企[1]鸡的创始人梁根发（根哥）是一位土生土长的顺德容桂人，自幼跟随父母常去生产队养鱼、养鸡。

根哥有一次去参加梁氏宗亲会，知道始祖梁公善，是宋朝一位爱好美食的武将（招讨使），每立奇功，都会和部下一起吃烧鸡和喝酒。由于行军调防，烧鸡的做法便流传至台湾。

台湾的宗亲和根哥说起烧鸡的制作。根哥决心把始祖当时吃的烧鸡继承下来并发扬光大。

《聊斋志异》的作者蒲松龄说："痴者，志也，入迷也。性痴则其志凝，故书痴者文必工，艺痴者技必良。"

由于根哥在研发过程中，一天到晚和鸡打交道，研究鸡、烹饪鸡，为了做出满意的烧鸡，到处跑去品尝各种鸡的做法，曾连续试吃三十多只

① 幢企：粤音词，意为站立。

烧鸡，对做鸡简直达到如痴如醉的程度！后来人们干脆用“鸡根”这个外号来称呼根哥。

经过长时间的不断尝试和调整，在台湾宗亲提供的方法基础上，结合广东白切鸡、脆皮鸡、盐焗鸡和泥焗鸡的做法，取其精华，终于研制成独一无二的根哥幢企鸡。

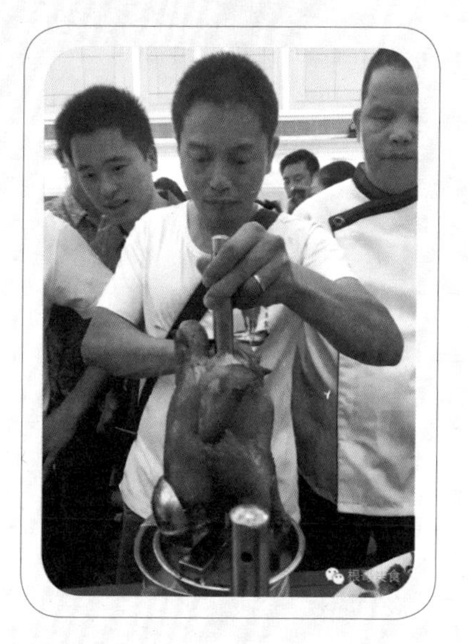

幢企鸡是一种放置在特殊的盘子上站起来制作的烧鸡。新鲜出炉的幢企鸡，外皮通红香脆、鸡肉鲜嫩多汁，咸香的味道恰到好处地渗透到鸡肉中，连最难入味的鸡胸肉都渗入了调味汁的味道。由于隔水烧制，所以整只鸡吃下来并不会感觉到“上火”。

根哥幢企鸡自2009年推出后，受到各界食家好评，曾掀起一股幢企鸡食潮，不仅备受珠三角食客粉丝追捧，连港澳台的食客都慕名而来。

食客吃过一只鸡后，尝尝觉得回味无穷，然后一点再点，直感叹道“吃一只不够”！

根哥的幢企鸡独树一帜，曾荣获2016顺德容桂特色菜称号。

时人有诗咏幢企鸡：

洪炉启处异香飘，金凤欲飞上九霄。

表里层分肌细嫩，淡浓渐近味和调。

两袖清风（凤厨职业技能培训学校提供）

两袖清风

顺德传统名菜火腿酿鸡翼，又名“龙穿凤翼”，雅称“两袖清风”。关于它的诗化名称的由来，还有一个鲜为人知的故事。

话说抗日战争胜利后不久的一天，时任顺德县长麦骞在大良莘村大街苏巷住宅设宴，为其母庆生。凤城名厨李铨（绰号“妖怪铨”）携年轻厨师朱兆上门“到会”。“妖怪铨”做了一道巧手菜龙穿凤翼，即火腿酿鸡翼（在粤菜中，火腿雅称“龙”，鸡雅称“凤”）。做法是将鸡翼用白卤水卤熟，取其“二截”，褪出骨，在空管中穿进火腿、熟竹笋各一条。以鸡翼尖垫底，不拉油。麦骞吃过这款鲜爽嫩滑的佳肴后连声称赞，并询问菜名。

李铨（1902—1982），只念过了3年私塾，但勤于学习，略懂诗词，当过顺德县酒楼茶室业职业工会干事。他当即想起了明代兵部侍郎于谦“清风两袖朝天去，免得闾阎话短长”的名句，联想到鸡翼因形似古人甚宽的衣袖而在粤菜中被雅称为“华袖”，于是灵机一动，朗声回答：“这道菜叫‘两袖清风’。”麦骞以为人家借机赞他为官清廉，很是高兴，打赏了20元港币给李铨二人。从此，火腿酿鸡翼就以“两袖清风”的芳名流传下来，成为顺德的一款历史名菜，并被载入《顺德菜精选》《顺德原生美食》两书中。顺德美食竹枝词咏唱此菜曰：

到会高厨贺寿星，龙穿凤翼巧思凝。

清风两袖留青史，半靠佳肴半靠名。

葵花大鸭

顺德人不爱吃一身肥膘的北京填鸭，而独爱本地的广南麻鸭。这种麻鸭，“皆于两熟割稻后放于田中，以食遗粒”“春夏食蟛蜞 ”，加之多运动，吃“野味”，骨细皮薄，适宜烤制广式烤鸭；至于秋冬进补，顺德人则心仪老雄鸭。“葵花大鸭”是顺德诸多鸭馔中的佼佼者。

“葵花鸭”，在成书于清代光绪年间的菜谱《美味求真》中已有记载。善于创新的顺德厨师把这道古菜变出了不少新花样。1964 年在“一食堂”（即桥珠酒家）的美食节上，名厨蔡锦槐（绰号“蔡老六”）把“葵花鸭”加以改良，他用代表当时粤菜烹饪最高境界的“川”（北方称“汆”）法，烹制出葵花大鸭一菜：把熟鸭肉片、冬菇、火腿片、笋片斜排成葵花瓣状，入屉扣烩，反扣于汤窝盘内，然后注入已烧沸的有味上汤。此菜汤清鲜而清澈，鸭肉嫩滑，色彩明快，造型美，就像水中葵花拼盘。此菜甫一亮相，便在顺德饮食界引起了很大的轰动，后来这道菜谱经蔡老师傅戴着老花眼镜，透过放大镜逐字审阅、修改，载入了《顺德菜精选》中。2007 年，中国烹饪大师罗福南，根据其师傅霍尧的口授记录，对此菜又做了改良，使之以象生造型工艺菜新姿，出现在“顺德名菜精品宴”上。制法是用卤水鸭肉片、笋花、腊润肠片摆成葵花“花瓣”，中心是用油泡肫球组成的“花蕊”，配上用冬瓜皮雕成的“茎”和“叶”，“茎”下是用西蓝花模拟的根与土，两朵“葵花”之间是一轮用红萝卜做成的“红日”，活脱脱一幅葵花向日图！有诗为证：

百年佳馔几番新，上席葵花更动人。

竟是仙凫[1]魂附体，鲜香软滑味堪珍。

① “仙凫”是家鸭的美称。

八宝酿全鸭
（容桂新麒麟酒楼提供）

八宝酿全鸭

顺德有一款重量级的传统名菜，名叫八宝酿全鸭。制法繁复精细：除了鸭头骨及半截腿骨、翼骨外，其余鸭骨悉数褪出而绝不弄破外皮。将咸蛋黄、莲子、白果、冬菇、洋薏米、瑶柱、金华火腿等8种靓料酿入鸭膛内，汆水、油炸、炆煮、再炖，熟焖时间在2.5小时以上，令酿料臻于绵化，渗出香味，而鸭汁也渗入酿料中。上桌后，用刀将鸭皮划开，霎时满堂生香，眼光所及，给人以“腹内藏星斗”的感觉；尝之，焓而不腻，满口生津。

这款八宝酿全鸭，来自著名粤菜霸王大鸭。相传，清末权相李鸿章为其母贺八十大寿，让其广东南海里水籍家厨精心烹制一款酿全鸭，因内有咸蛋黄等珍贵食材，故称“霸王大鸭”。顺德在中华人民共和国成立时期，一些地方贤达出于犒赏部队，做了霸王大鸭敬献驻军首长，以增进军民鱼水情。当时正值“清匪反霸”运动，部队首长认为“不可沾名学霸王”，于是把“霸王大鸭”改名为“英雄大鸭”，并转赠给英雄战士品尝。这件厨坛轶事一直在顺德传为趣谈。有美食竹枝词咏八宝酿全鸭：

权臣贺寿满堂香，鸭腹怀珍号霸王。

易帜厨坛风向改，佳肴转献武儿郎。

香港凤城酒家一直以传承家乡风味菜为己任，该店几十年来一直把八宝酿全鸭作为传统凤城菜纳入招牌菜谱，并载入《顺德真传》一书中。在北滘和园果然居、容桂新麒麟酒楼的粤菜师傅工程、“好味到镇”活动、食神宴中，不约而同把八宝酿全鸭推出市场。让这道古菜重出江湖，受到香港“食神”梁文韬先生的赞誉。

荔蓉窝烧鸭

清咸丰七年（1857 年），中国最早“睁眼看世界”的知识分子之一梁廷枏，在 62 岁上告老返乡。这天，老友们带来书画和美酒，到访伦教村藤花亭，为这位岭南著名学者接风洗尘。其中一位友人奉上荔浦芋和老雄鸭，托付梁廷枏家厨，欲做一道香芋炆鸭以佐午餐。

梁迁枏不愧见多识广，一见“香芋之王”，便立马来了主意，声称要让哥儿们尝尝新口味。原来在这一刹那间，他猛然回想起道光十九年（1839 年）那段风云激荡的岁月。那年钦差大臣林则徐南下广州，紧锣密鼓筹划禁鸦片烟。11 月 15 日，梁廷枏与一众襄办夷务的志士仁人，应邀到钦差节署小集，与林则徐相聚深谈，并共进午餐。席间，林则徐侃侃而谈，忆及洋领事企图用冒烟而极冻的冰淇淋让他出丑，而他则针锋相对，用似冷实热的太极芋泥烫得洋鬼子哇哇嚎叫的趣事。“有了，有了！”梁廷枏拊掌大笑，给家厨面授机宜。

大约过了半个小时，一道甘香酥脆、味道鲜美、色泽金黄的佳肴上桌了。在座的人品尝后连声赞好，并纷纷询问此菜何名。梁廷枏撚须微笑，答道："这叫荔蓉窝烧鸭。"原来他从太极芋泥中得到了灵感，让家厨把蒸熟的去皮香芋碾压成蓉，酿入已拆骨的红鸭腔内，上了蛋粉后，放入热油中浸炸至呈金黄色，切件，蘸鸭汁芡吃。由于此菜香酥可口，既有文化内涵，又有创新元素，所以一直是顺德人百吃不厌的历史名菜。有诗咏荔蓉窝烧鸭：

芋泥默默冷如霜，不着硝烟上战场。

巧借林公瞒敌计，新烹鸭馔透心香。

荔蓉窝烧鸭（陈村公交饭店提供）

军机大鸭

军机大鸭是广府一款历史名菜，见载于《粤菜精华》《顺德菜精选》等典籍。

清末，顺德杏坛昌教乡出了一位爱国官员，他名叫黎兆棠（其故居“大宅门”是佛山市文物保护单位），进士出身，历任总理衙门章京、台湾道台、天津海关道台、福建船政大臣等要职，因长于洋务，颇得洋务派首领、大学士、北洋大臣李鸿章赏识。据《李鸿章》一书记载，李鸿章曾令黎兆棠会同帮办开采开平煤矿、铁矿。光绪九年（1881年），黎兆棠组织了肇兴轮船公司，远涉重洋，运丝往美国。次年三月，李鸿章致信黎兆棠询问有关此项业务运营情况。可见二人关系比较密切。据故老相传，一名同宗乡厨曾随黎兆棠赴任，打理其家厨务，后转至李鸿章府中从厨。

一次，李鸿章设宴招待同僚。黎厨精心创制一款寓高贵于平凡的扒鸭，因李鸿章时任军机大臣领班，所以称此菜为“军机大鸭”。厨师用袁枚称之为“豪杰之士”的鸭作主料，让它雄踞大碗中心，以冬菇、发菜、猪肘做辅料围绕鸭，摆成“品”字形，为鸭提味增鲜。在封建社会中，“品”寓官级之意，暗示主人官至极品。这道菜抛弃清代高官盛宴以鲍参翅肚等炫耀富贵的俗套，而重用普通食材却能尽显烜赫气派，让“妙在家常”的顺德菜出了一把风头。有诗为证：

雄豪凛凛踞中央，实力群材佐味长。

弃尽奇珍彰极品，军机盛宴永留香。

后来粤菜酒家引进了军机大鸭，不过将做法作了微调：不用火肘改用猪手或扣肉，并加郊菜伴边。其特点是香而味浓厚。（见许衡《粤菜传真》）

1896年的李鸿章

陈村镇的弼教村素有“百花村”称号。明清时代，广州各地的种花师傅以弼数人居多，所以当地民间有“先有弼教，后有花地”之说。二战前，陈村在国外的华侨写信回弼教，地址上只要写上“中国广东省花村 ×××”，信件就能送达收信人手中。弼教还出了诗、书、画“三绝”的艺术大师黎简（黎二樵）。

在饮食方面，弼教狗仔鸭远近闻名。三十多年前，有一位从工人转行从事饮食业的有心人梁荣章（绰号“鸡章”），开了一家荣兴菜馆。他用顺德人传统烹制“开煲狗肉”的方法移用于焖鸭。把老鸭公斩成块，肉姜用刀拍松，切成块，放入沸水中滚过，以减弱其辣味。烧镬下油，投入蒜蓉、豆豉蓉爆香，如入鸭块、肉姜，溅酒爆透，加入味汤、陈皮丝、盐、糖，拌匀。将各料转入瓦煲中，加盖，用慢火焖到水分近干时，用老抽调色，调好味，原煲上桌。这道焖鸭吃起来有狗肉的香味，所以被称为“狗仔鸭”。梁荣章创制的“弼教狗仔鸭”后来荣获了广东名菜的荣誉。

很快，狗仔鸭的美名与美味不胫而走，传遍了珠三角。香港食神梁文韬先生也闻香而至，在伦教羊额合龙路尾的一家乡村饭店，品尝了红焖狗仔鸭，并在香港无线电视翡翠台《日日有食神》节目中予以推介。狗仔鸭还衍生出狗仔鹅、狗仔鱼等菜式，而且引出了“大镬焖菜”制法的流行。《顺德原生美食》一书也把狗仔鸭载入其中，《顺德美食一本通》则赞狗仔鸭为“顺德美食的骄傲”。有诗咏狗仔鸭：

南鹿[1]配姜大镬炆，如今老鸭也承恩。
浓香烩滑传舒雁[2]，古法新烹逗食神。

弼教狗仔鸭

弼教狗仔鸭（日盛世濠提供）

① 南鹿，狗的别称。

② 舒雁，鹅的别称。

薏米鸭

薏米鸭是顺德一款濒于失传的历史名菜，制法见载于《顺德菜精选》。据传这款夏日靓汤菜的“设计师”是清晖园始建人龙廷槐。

龙廷槐（1749—1827），顺德大良人。38岁中进士，授翰林院编修，入值上书房（教皇子练书法和解惑答疑），历官左春坊赞善和监察御史。父亲龙应时病逝后，龙廷槐回乡守孝，时时为因公务在身不能奉侍左右而自责。其后“筑园奉母”。他在给朋友们的信中说自己“侍奉晨昏”，让老母“眠食粗适，可以上慰慈怀”。短短几句，孝心可见。

一年盛夏，酷暑湿热，龙母茶饭不思。龙廷槐读《后汉书》得知，东汉伏波将军马援远征交趾（今越南）时，曾命士兵食用薏米（又称“珍珠米”），收到了“轻身省欲，以胜瘴气”的神效。因为薏米能清热去湿，对人

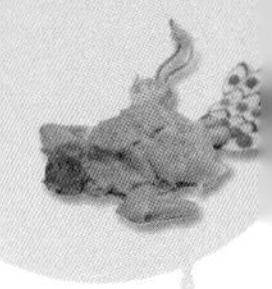

薏米鸭（福盈酒店提供）

体的排水机能有调整作用，而鸭“甘凉，滋五脏之阴，清虚劳之热”。廷槐让家厨炖制薏米鸭，把火腿、冬菇、瘦肉等粒料与薏米炒匀做馅，酿入全鸭腔内，炖焓，原盅奉上让母亲享用。龙母吃后，果然感到神清气爽，胃口大开。

后来，薏米鸭被用作为父母祝寿而制作的寓意菜，名叫“岁晚满意（“意”与“薏”同音）”，成为一款集美味、食疗、吉祥寓意于一体的佳肴。有美食竹枝词咏薏米鸭：

腹内怀珠大鸭凉，千年药膳有余香。

良辰奉食严慈笑，孝德家风代代扬。

近年来，因生活节奏加快，薏米鸭因其做工繁复而逐渐被冬瓜薏米煲鸭汤所取代，而“岁晚满意”所体现的孝德家风也随之淡化，这是十分可惜的。

三鲜拆鸭羹

三鲜拆鸭羹的美味故事

这是顺德一道历史名菜，早在清代就已经盛行。不过，由于计划经济时代反对“高”“精”“尖”而濒于失传。经大良毋米粥大厨的改良，这道做工细致的夏日靓汤羹得以重出江湖。

说起来，三鲜拆鸭羹与大良清晖园结缘很深。清晖园“有池有馆八九亩余”，“故园十亩竹，竹笋随时生。采之供我馔，使我肠胃和”。历代园主有养鸭挖笋采莲育菇的习惯，“畦蔬初熟厨酿盈壶”。他们就地取材，将自养的鸭子滚熟，拆肉切丝，与“三鲜”——鲜笋、鲜莲、鲜菇同滚而成味道鲜美的消暑靓汤，体现了顺德人不时不食、因材制宜的饮食习惯。有诗咏曰：

远播芳名越百年，和羹共烩鸭三鲜。

清甜吻润消烦暑，沁入心脾胜玉泉。

从制法上看，早禾鸭由于食料丰富，生长期短，虽然肥腴骨嫩，但肌肉含水分较多，不宜于长时间煲或炖菜，所以多用于碎件或切片后蒸或炒等，即使煲汤，也仅熟即可（顺德籍粤菜大师黎和语）。此汤用滚法，能保持鸭肉嫩滑；而为了鸭肉速熟，将它切丝。为了与主料形态相近，配料也切幼条。一个“拆”字，体现了顺德菜注重手工、做工精细的特点。

为适应当今食客的口味要求，毋米粥大厨对这款历史名菜的制法加以改进，主要把拆熟鸭丝改为生切鸭丝，使菜品的口感更佳，卖相更靓，使这道老牌名菜品位得以进一步提升，适应了当今城市化的更高要求。

三鲜拆鸭羹（大良毋米粥提供）

桂洲醉翁鸭

1996 年出版的《顺德县志》中载有一款传统名菜：桂洲醉翁鸭。近日容桂老一辈名厨陈江标师傅忆述其师有关醉翁鸭的故事，今记于下，以飨读者。

以前厨师、火头多有饮酒的爱好。一日，桂洲（今属容桂街道）一家商铺的火头阿桂与朋友饮酒，正是酒逢知己千杯少，喝了大量"孖（双）蒸酒"。正饮得醉意甚浓，忽然想起东家还有一道炆鸭尚未做好，于是辞别好友，返回铺头厨房，照平时做法拆件拌味，先煎后炆。由于喝得醉醺醺的，阿桂忙中误把灶头的"孖蒸酒"当水倾入镬内。锅头顿时火光熊熊，阿桂见状，吓得出了一身冷汗，登时清醒了许多，连忙盖上锅盖，岂料火势仍在燃烧。东家见此情景，便问阿桂："你究竟搞什么花样——为什么比平时炆鸭香那么多？"阿桂奸笑一声，说："今天做的是火焰炆鸭。”等到锅头余火熄灭后，打开镬盖，一股特殊的香气扑鼻而来，连行人也深呼吸，做偷香客。午餐上菜后，东家的朋友都对这款创新菜赞赏不已，并打听菜名。东家得意地介绍说：“这叫醉翁火焰鸭。”

由于桂洲一些地方例如外村，因当地供奉主帅，俗不吃鸭，所以这款桂洲醉翁鸭并没有广泛流传下来，连资深厨师陈江标师傅也称“久违”了。但是，金子总会发光。桂洲醉翁鸭引出了许多新潮菜，例如火焰鱼、火焰鸡、火焰虾、醉鹅等等，阿桂当年怎么也想不到，他在醉眼朦胧中无意间创制的菜，竟成了火焰系列菜的鼻祖呢。

有诗为证：

半日偷闲学醉翁，误将香液赠凫公。

不期正着缘歪打，引领烹肴火焰红。

顺德宝林寺

顺德脆皮烧鹅

顺德脆皮烧鹅
的美味故事

大缸暗炙炭当红，御制烧鹅入粤东。
肉嫩皮酥香不散，厨都至味众推崇。

据专家研究，顺德烤制脆皮烧鹅的技法传自南宋末年的御厨。《粤厨宝典》载，南宋末代皇帝赵昺曾蜗居新会（旧称“古冈”）古井乡一带近两年。随行御厨把当时最先进的金陵烧鸭的技法传授给了当地人，并在南宋灭亡之后隐居下来。善于学习与创新的本土厨师将金陵的明炉叉着烧改为暗炉挂着烧，设计了专门的大瓦缸，还用本地特产乌鬃鹅取代了金陵人喜爱的鸭，于是著名的古井烧鹅就此诞生，《广州竹枝词》“烧鹅说古冈”之说可作佐证。据说新会古井赵家礼堂至今还供奉宋帝赵昺的仪容像呢。

在其后数百年间，近邻新会的一些烧腊师挟技移居经济比较发达的顺德，并吸取当地制作烧鹅技法之长，把古井软皮烧鹅与广式脆皮烧鹅的优点融于一炉，经长期演变，衍生出羊额烧鹅与黄连烧鹅两大烧腊品牌。据笔者采访所知，百年老字号“烧鹅沃”已有120多年历史。创始人烧鹅沃于1893年从距古井乡仅20公里的司前移居羊额开店经营，中间经儿子烧鹅祥，孙子烧鹅宏，传给曾孙烧鹅桐。凌家四代人一直坚持燃木炭用瓦缸烤制烧鹅的传统技艺，并与时俱进接纳了一些广式烧鹅技法，烧出了皮脆肉嫩的羊额烧鹅来。而黄连烧鹅的鼻祖烧鹅英也是广纳多种烧鹅制作技艺之长，关于他师从何人，黄连野老的说法有多个版本，其中之一是他曾拜一位烧制羊额烧鹅的高手为师（见《美食勒流》一书）。经几百年改良演进，脆皮烧鹅成为广有口碑的美食品牌，并在2015年赢得了“全民最爱顺德菜”的殊荣。

脆皮烧鹅（皇帝酒店提供）

羊额烧鹅

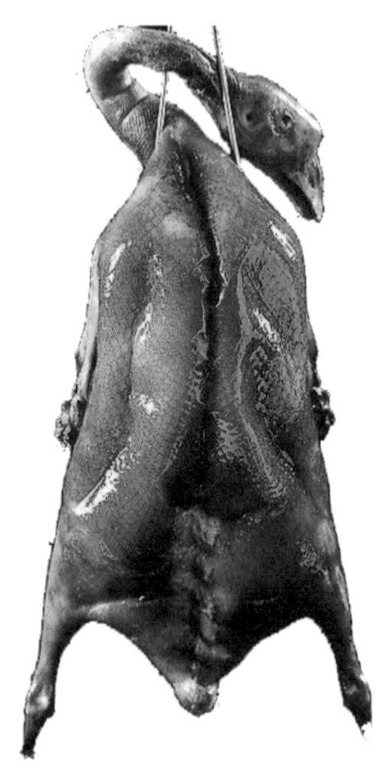
羊额烧鹅
（百年老店烧鹅沃提供）

皮酥骨软肉甘肥，染上书香誉远蜚。

史载清朝何进士，肩挑几只赴春闱。

这首美食竹枝词咏叹的正是历史悠久的羊额烧鹅。

伦教的羊额烧鹅始创于明末清初，至今已有 360 多年历史。据传，清代诗、书、画“三绝”名人黎简爱吃羊额烧鹅，别人一请他就挥毫作画写字，所以他的书画，在伦教收藏的不少。清同治十三年（1875 年），羊额举人何崇光上京赴会试途中，命书童肩挑数只羊额烧鹅，随行随吃，后考上进士，被士林传为佳话。

20 世纪三四十年代，羊额圩有“卢家”“清海市”“谭头市”三大集市，烧鹅档多间，其中何昌经营的“昌记”烧鹅档最出名。在 20 世纪 30 年代中期，何昌改进了传统烧煽鹅的工艺，使羊额烧鹅逐步传到省内外、港澳和新加坡。羊额烧鹅成了顺德的烧腊名品之一。在第七届亚洲艺术节酒会上，曾用羊额烧鹅招待亚洲各国的艺术家们。

吃惯了北京烤鸭的北方来客来顺德品尝羊额烧鹅后，都对烧鹅赞不绝口。羊额烧鹅不仅皮脆色红，咬下去香味四溢，且不失肉汁，鹅皮与肉之间几乎没有脂肪，肉厚，质滑，味道表里如一，连骨髓都带甘香。据说羊额烧鹅“皮脆的关键是烧鹅的过程分两次完成”（见 2001 年 6 月 15 日《广州日报》）。一位从事羊额烧鹅烧制行业 30 多年的老师傅透露了识别羊额烧鹅的秘诀，他说：“正宗的羊额烧鹅敲打起来有响声。”食客评论说：羊额烧鹅靓在汁。老前辈说，以前羊额烧鹅烧好后用瓦锅盛载，连汁飨客。羊额烧鹅的制法和特色被载入了香港的《食经》一书中。据悉，有关方面有意将羊额烧鹅的烹调技法申报佛山市非物质文化遗产。

浓香袅袅诱醇醪，羽化羲皇[1]品位高。

皮薄色红光可鉴，宛如佳丽著绸袍。

这是一首咏唱黄连烧鹅的美食竹枝词。

勒流黄连是一个有一千多年历史的美食之乡，其烧鹅制作自然源远流长。然而作为一个烧腊品牌，它还是后起之秀。查《黄连史料》，当地烧腊的历史名品是三拼烧，而只字未提烧鹅。据《美食勒流》记载，黄连烧鹅成名于20世纪50年代。“烧鹅英”（谭德英）是这个品牌的鼻祖。烧鹅英是个钻研烹调技艺乐此不疲的乡间美食家。他设档黄连拱桥旁，档口仅一台一砧，但他对烧腊技术一丝不苟，几十年来恪守“不靓不卖，过时不卖”的原则。据说，他每天限售5只烧鹅，买不到靓鹅，他就宁愿去钓笋壳鱼，也不做生意。烧鹅英烤制的烧鹅油光耀眼，色如重枣，皮薄如绸而不起皱，宛如模特儿身穿薄缎云纱，该凹就凹，该凸就凸，而且香气四溢，沁人心脾。正是烧鹅英毕生的执着追求，使得黄连烧鹅声名远播，并形成响当当的品牌。继烧鹅英之后，黄连烧腊名师迭出，烧鹅强、烧鹅棉、烧鹅源、烧鹅华……他们大多没有离开过生于斯、长于斯的家乡，执着地坚守着祖辈或师傅那里传承下来的手艺，恪守家训师箴，在思想上、业务上“时时勤拂拭，勿使惹尘埃”。这样的黄连烧腊师世代薪火相传，使黄连烧鹅的正宗风味得以保留和弘扬。例如烧鹅强（谭永强）“直到今天用的都是炭烧，采用最传统的工艺”，他烧制的烧鹅在第四届全国烹饪大赛上获奖；大头华（刘绍华）坚持不落色素，坚持用“石斑枝”（木麻黄）炭火烧制，他的烧鹅在2017年被评为全球街头美食（名列第六位）。

黄连烧鹅

黄连烧鹅（黄连大头华烧鹅提供）

① 羲皇是鹅的异称。

彭公鹅

彭公鹅的美味故事

酱色生光乌醋鹅，风行姜酌味融和。

敬祈彭祖施恩泽，百载欢吟贺寿歌。

这首竹枝词歌咏的是昔日顺德农家大菜彭公鹅。菜名中的“彭公”，是民间传说中活了880岁的寿星厨神“彭祖阿公”。顺德民间以农历六月十二为“彭祖诞”。据说，“彭公嗜舒雁（鹅）”，而农民意重吉祥，在祝寿或喜庆婴儿满月的宴会上，自然乐于请出彭公来祈求长寿。何况鹅是长寿动物，喂养得好，可以活到70~100岁。寿星公爱鹅，顺理成章。所以在顺德，不论在庆祝婴儿满月筵席上，还是老人寿宴上，醋香扑鼻、酱色耀眼的彭公鹅总会大出风头。

古法彭公鹅（大良龙的酒楼提供）

顺德彭公鹅，以桂洲（今容桂）外村彭公鹅最正宗。这与当地人信奉主帅的民俗有关。因为鸭群把主帅的马蹄印践踏得模糊不清，救了被追捕的主帅一命，立了大功，所以外村人素不吃鸭，转而嗜鹅。据介绍，正宗的彭公鹅在调味上是大酸大甜大咸。彭公鹅还进入了顺德万人龙舟宴的菜单，可见它已经成为顺德农家风味菜的典型菜式。

2005 年 12 月，龙的酒楼厨师演绎的古法彭公鹅在广东烹饪名师评审活动中被评为金奖菜。在第五届中国烹饪世界大赛中，龙的酒楼选手把调料米醋改为果醋，加入法国鹅肝片，与子姜、鹅肉以“麒麟”方式相夹烹制，以“鼎”盛载彰显古意。这款古法彭公鹅以中西结合、土洋结合的特点荣获热菜金牌。

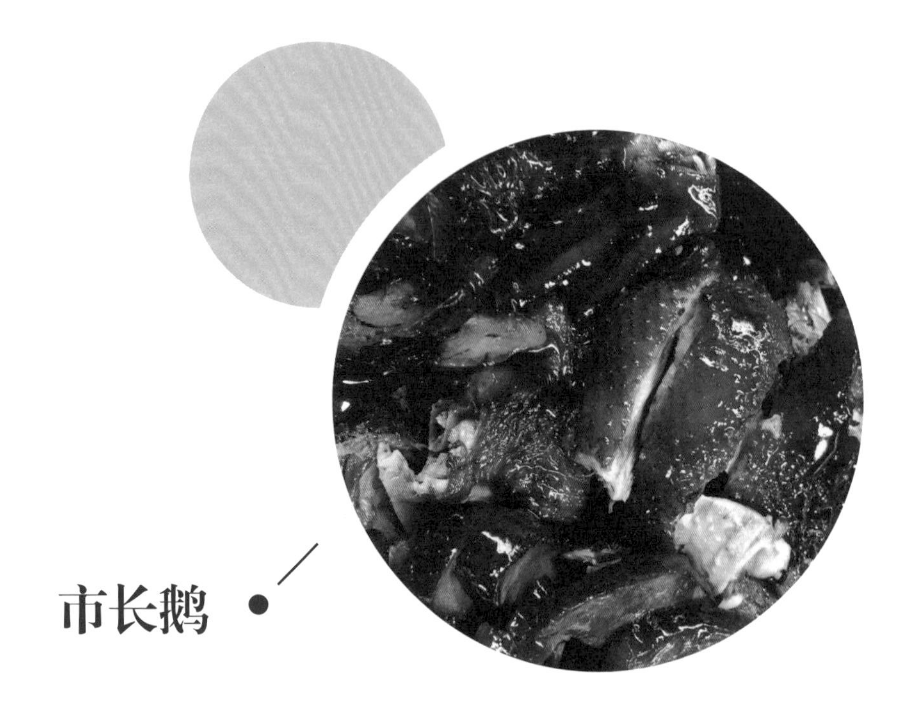

市长鹅

顺德有一款大名鼎鼎而又神秘莫测的私家菜——市长鹅，它的创制者是一位市长级的美食家。

欧阳洪先生曾任顺德、新会、高明、佛山等地领导职务，也是一位民间烹饪高手。从20世纪60年代起，他就醉心研究顺德美食，几十年如一日，“文革”时虽然因此而被扣上“资产阶级享乐主义”的帽子挨批斗但却从不后悔。在那生活并不宽裕的年头，他从微薄的工资中挤出一点钱来购买烹饪原料，在周末约上几个美食同好和厨师，走进他家的小厨房，群策群力地研究起来。那时他在高明工作，选用当地三洲乌鬃鹅，宰净后吊起风干水分，用蜜糖水涂匀鹅腔内外，再吊起，然后把鹅放进油锅里拉油，再把顺德二曲、生抽、果皮、甘草等调料放入锅内，用慢火焖制。经过反复试制，终于创制出一款香滑甘美、味入骨髓的焖鹅。欧阳洪先生曾用这道别具风味的鹅肴款待过

市长鹅（日盛世濠提供）

他的同僚和几位省长，得到知味者的好评。后来，人们把欧阳洪先生创制的焖鹅美称为“市长鹅”。有酒楼从欧阳洪先生处取得配方，正式以“甘香豉酒鹅”的名称推出市场，并以快递的方式送上门销售。

2009年9月20日上午，在第四届顺德私房菜大赛总决赛上，欧阳洪先生以甘香豉酒鹅夺得了全场最高分，摘取了桂冠。几年后，韩国“大长今”电视台美食节目摄制组到欧阳洪先生家，拍下了烹制甘香豉酒鹅的全过程，市长鹅从私家菜走向了国际烹坛。有诗咏“市长鹅”：

市长鹅的美味故事

市长炆鹅有妙方，灵通[1]引进味深长。

调和豉酒甘香美，羡煞厨乡嗜食郎。

① 灵通是甘草的雅称。

顺德梅子鹅

顺德梅子鹅（日盛世濠提供）

甑载笼盛大灶烹，梅糖配味胜和羹。

酸甜引得涎三尺，土法蒸鹅古制行。

历史悠久的顺德传统名菜梅子鹅俗称酸梅鹅，全名为梅子甑鹅。甑，本是古代一种陶制蒸器，器底有一些孔以便蒸汽自下上达，使用时将甑底套在釜口上，下煮上蒸，常可收两用之功。后世演变成蒸笼。甑作动词用，指古代一种烹调技法。唐代岭南民间运用甑法已很普遍（见刘恂《岭表录异》）。甑鹅是用瓦器盛着光鹅蒸至酥烂，切件淋汁而成。至今，顺德乡间烹制梅子鹅仍然沿用类似方法，即甑载大灶烹。

《尚书·说命》云："若作和羹，尔惟盐梅。"意思是用适量的盐和梅调味，就可以制成和味的汤羹。可见古人食物中的酸味源自梅子。在顺德，梅子鹅仍然沿用以梅调酸的古法。另据东汉杨孚《异物志》记载，汉代珠江三角洲制糖业已经出现。制作梅子鹅，用蔗糖与酸梅一起调成可口而开胃的酸甜味，洋溢着酽酽的古风。

据清代顺德学者罗天尺《五山志林》记载，明末甘竹滩秀才黄士俊家贫，屡遭岳父白眼。一次，他上岳丈家借盘缠赴乡试（省级考试），岳丈不但不借，还以两只熟鸭蛋打发他走，不让他参加家里的宴会。黄士俊路遇岳丈家的义仆广积。广积把仅有的一头猪卖了，将钱送给士俊做应试费用。万历三十五年（1607年），黄士俊高中状元，想起当年的辛酸和眼下大魁天下的甜蜜，下令用梅子鹅宴客，以表心迹，并以独享鹅头表示独占鳌头之意（在顺德方言中，"鹅"与"鳌"谐音）。梅子鹅曾被称为"状元鹅"。如今，梅子鹅多出现在夏令家常菜中，或者见于龙舟宴上。2017年，梅子鹅入选"十二道风味"（第二季）。

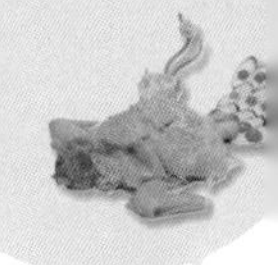

但记白切鹅（黄但记提供）

但记白切鹅

但记白切鹅是广东老字号“黄但记”的十大最受欢迎菜式之一，仅次于因湖南卫视《天天向上》节目而爆红的咖喱蟹陈村粉。

鹅肉含水解氨基酸数量多，具较多鲜味，用白切（汤浸）法烹制，能保持鹅肉的本真味。但与鸡肉、鸭肉相比，鹅肉肉质稍粗，且有腥味，因此“白切”有难度。纵观鹅肴烹制史，多见用焖、蒸、烧、烤诸法，“白切”则绝无仅有。

白切鹅是黄但记店主三代传承的经典名菜。陈村粉始创人黄但是一位烹技精湛的工匠。据陈村的老年人回忆，经他手烫涮的鲩鱼片由于恰熟，蛋白质刚好凝固而卷起成蚬壳形。1957年，黄但进入潮珍茶楼工作，其后与儿子黄铨辉一起转入供销社辖下的红旗饭店从厨，与做咕噜肉的高手吴铁星共事。红旗饭店位于广珠公路旁，每天都有大批南来北往的过客前来就餐，中山、珠海等地厨师也多到此切磋交流烹技，这为黄但父子淬砺厨艺提供了熔炉和铁砧。改革开放后，由黄但始创、黄铨辉传承、下一代黄汉标发扬光大的白切鹅成了一个响当当的品牌。

本着“传承不忘本，创新不忘旧”理念，黄但记旗舰店选用优质乌鬃鹅，根据90多年前的传统制法，加入珧柱、秘制上汤及香料用慢火浸制，将鹅肉本身肉香醇厚的优点无限放大，而且相比一般焖法，口感更加清新，肉香、油香一起在食客口中迸发。鹅肉肥瘦适中，鲜美多汁，沾上秘制的柠檬蒜蓉汁，更有画龙点睛的奇妙效果。但记白切鹅已然成为客人必点的菜式，更荣获《情满湘粤》特金奖。正是：

三代传承浸一鹅，鲜香入髓味融和。

高居但记排名榜，红掌拨翻食海波。

鸡洲滑鹅

伦教鸡洲是一个美食荟萃的小地方，过去以出产礼云子（蟛蜞子）、煎堆、烧肉闻名远近。鸡洲宴历史悠久，素享盛誉，以“悭（省）钱夹（且）靓”令人向往。让人奇怪的是，鸡洲宴的“主角”并不是鸡，而是鹅。鸡洲滑鹅与五柳炒鹅条是鸡洲宴上的一对“拍档”。

由于鹅肉较腻较韧，鸡洲厨师因料制宜，一鹅两制：起出鹅肉切成条，切断其纤维组织，削减其肉的韧性，加五柳条同炒，赋予微酸的味道，有解腻开胃的作用。碟底垫以炸面条，给人以碟头大、数量多的良好印象，还让炸面条吸收了鹅汁，使鹅条和五柳条更为干爽。

鸡洲滑鹅的主料虽然是切出了鹅条所剩下的带肉鹅骨，但厨师巧施妙手，放入两只鲜鹅蛋清和鹅蛋黄，增滑，加入味料，然后倒入烧开的水里清焖。这就是鸡洲滑鹅格外滑溜的奥秘（或加入白芋仔同焖亦可添滑）。有人把鸡洲滑鹅比喻为白居易《长恨歌》中“春寒赐浴华清池，

鸡洲滑鹅（大良雷公饭堂提供）

温泉水滑腻如脂”的杨贵妃。顺德美食竹枝词咏鸡洲一鹅两吃：

乡厨焖雁[①]艺奇精，一料双烹享盛名。

巧借芙蓉[②]肌腻滑，恰如杨女浴华清。

如今，物质的丰足让顺德人吃得豪放。鸡洲滑鹅已经从配角升为主角。经凤翔龙厨等店的不断精心改进，鸡洲滑鹅已从昔日的农家菜一跃而为2011最受网友欢迎顺德金奖菜、第三届佛山名菜、广东颐和杯烹饪比赛金奖菜。有人这样打趣说：“鸡洲滑鹅一滑飞天了。”

鸡洲滑鹅的美味故事

① 雁：舒雁，鹅的别称。

② 芙蓉：蛋的美称。

顺德醉鹅的美味故事

顺德醉鹅

蓝光跃动酒香飘，舒雁醺醺味已调。

餐饮世家研秘技，十年一馔领风潮。

近年来，一道醉鹅先在逢沙农田旁冒出并迅速蹿红，接着顺德水乡处处“曲项向天歌”，酒香飘天外，不久珠三角大地也是“鹅”声一片，一时间，醉鹅成了顺德美食的一张新名片。

在醉鹅天地里，有一个黄氏厨师世家特别引人注目。最近十几年，他们家族一直在专做一道菜：醉鹅。黄父是大良的乡村大厨，走街串巷替人上门做酒席，并教会了几个子女做菜。黄父对烹鹅一直颇有心得。顺德乡间酒席必须有鹅，彭公鹅、蒸鹅、焖鹅，都是黄父的拿手好菜。黄父传下来的烹鹅技巧是：鹅肉虽鲜，但吃多了会感觉肥腻。所以要下酒煮，方能减少油腻。他兄弟中有一位曾在酒厂工作，知道在高温条件下，白酒中的乙醇蒸气与鹅肉中的酸反应，生成具有香味的酯类，同时有去膻去腥及增味功能。他们从传统名菜桂洲醉翁鸭和新潮粤菜火焰醉虾中得到启发，从而萌生了经营醉鹅的初心。为了把这道菜做精，做专，做绝，让别人模仿了也会失真，他们心无

醉正大地醉鹅（容桂大地醉鹅提供）

旁骛地钻研烹技，摸索出独家秘方：一是熬秘制酱汁，这个酱汁用酱油、糖、南乳和十几种中草药熬几天才能做好；二是先煎后焖，入锅前将鹅先煎至两面金黄，把汁封在肉里，除去多余脂肪；三是点火烧 3 ～ 5 分钟再焖 15 分钟，让酒精挥发，让鹅肉迅速致熟，只留酒香，不留酒精。

黄氏醉鹅做了十几年，红足十几年。“食神”梁文韬曾是该店座上客，《寻味顺德》也在此拍摄取景。前几年他们家族让醉鹅走出顺德，在广东省内外多个城市开了十多家分店。

妈子炆鹅

2011年，南方医科大学顺德校区近300名学子，参与“团队建设与管理”选修课：“发现顺德美食故事”活动。他们分成小组，在一个多月时间里走街串巷，探寻顺德美食故事，之后制成小短片传上网络。其中，凌宇带领的小组探访到的妈子炆鹅的故事最为感人。

大良法庭附近有家私房菜馆，店主莲姨是这道炆鹅的创制者。莲姨介绍说，她本来不太会做菜，因儿子从小爱吃炆鹅，为了儿子，莲姨去学习厨艺，学会了怎样炆鹅才好吃。工多艺熟，有心人终于练出了一手炆鹅的好技艺。她精选清远乌鬃鹅入馔，还自腌咸酸菜做配料，加上蒜子、生姜、陈皮等料头同炆。这道菜，不仅莲姨的儿子爱吃，许多亲戚朋友吃过也都赞好，于是莲姨索性开了店，把这道炆鹅作为招牌菜。这道菜被称为“妈子（粤语词，意为“妈妈”）炆鹅”。莲姨对来访的学生说：“父母都希望孩子吃得开心，吃得健康，想法很简单，孩子能领悟到这份心意就最好了。”

这道菜感动了大学生。小组成员拿起相机，拍下了制作过程。组长凌宇说：母亲为了儿子辛苦学厨，终成厨师，成功开店。菜式虽平凡，但那份母爱却是浓浓的，温暖的，感人的。这也体现了顺德不少厨神和美食隐藏在民间。

正是：

炆鹅巧手箸端香，引入酸咸配蒜姜。

寸草春晖今又是，私房美馔为儿尝。

妈子炆鹅（福盈酒店提供）

风城酱风鹅

珍禽飞出御厨坊，笑纳霜风骨透香。

年货百般皆下品，朱门赠礼我封王。

诗中所咏的是顺德年货之王——凤城酱风鹅。

风鹅来历不凡。明代皇帝嗜吃鹅。明代江南才子祝枝山在《野记》中记载，成化皇帝“御膳日用三羊、八鹅”。由于江浙一带冬日寒冷干燥，当地人擅制腊肉风鹅，其优质风鹅会被“入贡”作为御膳食材。《中国历代御膳大观》记载，明宫廷御膳名菜就有“暴腌鹅”，它当是以风鹅为主料制成的菜肴。成书于清代乾隆年间的烹饪典籍《调鼎集》中就载有“风鹅”一条，制法是“把肥鹅治净，加五香盐擦透，悬当风处。”文学名著《红楼梦》第五十三回写黑山村佃户给贾府交纳的实物地租中，就有“风鸡、鸭、鹅二百只”。

旧时广府地区，风鹅是年货中的食品之王。因为鹅独有大红顶冠，且谐音有“加官进爵”“封我为王”的好意头，所以备受豪门

风城酱风鹅（吃货顺德☆小王子提供）

大户的青睐。《美味顺德》一书中写道：“农历十二月十六起，邑人便陆续办年货，送礼物。腊肠、腊肉、风鹅成了热门礼品。”大良腊味名店“积隆”所产风鹅在风味上与外地的有明显区别。最大的不同是凤城的风鹅经盐腌入味后要晾晒风干，接下来涂上秘制酱汁，然后置于阳光下曝晒，之后密封包装。

如今，凤城酱风鹅做出品牌的当是顺德十大名厨之一罗福南的侄儿“风鹅辉”。他师承烧腊名师黄裕权，而黄裕权则师从一位返乡的御厨。算起来，辉哥是酱风鹅独门技艺的第七代传人。他制作的酱风鹅质地硬实，甘甜不韧，其香入骨，肉呈红色，可蒸，可焗，可焖，可炒，广受食家欢迎。

叮叮鹅是大良雷公饭堂的一款招牌菜。多年来，它在网上被传得神乎其神，有一个关于它的神奇传说几乎家喻户晓，老饕皆知：堂主雷公以前有个名叫叮叮的女朋友，两个人一起经历了一段惊天地泣鬼神的爱情。后来为了纪念那段感情，雷公特意创作了叮叮鹅这道佳肴。

听起来很传奇而且很凄美，可是当有食客当面向雷公求证那个故事的真实性时，雷公只是淡淡一笑，说："叫叮叮的女网友就有一个，至于女朋友嘛就不知从何谈起……"

其实，叮叮鹅是一种速食美味。寻根溯源，它的始祖是原佛山市副市长欧阳洪创制的私家焖鹅——市长鹅，后被顺德十大名厨之首罗福南师傅加以改进，以"甘香豉酒鹅"的名字推出餐饮市场。雷公深爱此鹅的甘香味美，但觉得焖制时间较长，有时难以满足"喉急"的散客的迫切需求。于是他对甘香豉酒鹅做了透彻的研究，有如对恋人的深入了解一般，在制法上加以改变，主要是先以秘制配方调制的美味卤水把鹅浸好，在客人需要时把鹅放入微波炉内加热，快速上菜。没想到这个"急就章"居然让鹅肉浓香可口，糯而爽甜，在口味上与焖鹅、烧鹅都有区别，别具一格，颇受食客欢迎。给这道鹅肴改个什么名字呢？雷公想到微波炉加热食物，时间一到就会发出"叮"的一声，就叫此鹅为"叮叮鹅"。虽然它与那个子虚乌有的爱情故事无涉，但却体现了雷公对美食的深切热爱和不懈追求（详见《无骨鲫鱼》），可视为他的"梦中情人"，因此食客还是偏爱前面的故事。

叮叮鹅曾在广东厨委会的烹饪比赛中获得特金奖，其后又获第二届佛山名菜殊荣。有诗记趣：

佛山佳馔有芳名，众口相传寓爱情。
热辣肥鹅高亮出，微波掠过响叮叮。

叮叮鹅

叮叮鹅（大良雷公饭堂提供）

岑春煊（两广总督，把鸽松白菜包改为鸽松生菜包）

鸽松生菜包

顺德小炒历来在粤菜史上享有“单列”的殊荣。而林林总总的炒“松”（繁体写作“鬆”，指用鱼、虾、瘦肉等做成的碎末状食品）更因精细刀工而倍得食家青睐。说起顺德炒松的代表菜，不得不介绍一下“鸽松生菜包”。

“鸽松生菜包”来历不凡。据光绪珍妃的侄孙、美食家唐鲁孙先生介绍，此菜是从满族菜包演变而来的。话说当年清太祖努尔哈赤屯兵山海关与明军对峙。一天狩猎，得到满族猎手献上的十几只祝鸠（一种预示吉祥的野鸽），鉴于人多鸽少，用大白菜（即黄芽白）包起来吃，让大家有福同享。后来努尔哈赤“创制”的祝鸠菜包成了清宫御膳菜式。唯祝鸠稀缺难得，遂改用人工饲养的肉鸽代替。清末，八国联军攻陷北京，慈禧太后携光绪帝蒙尘西安。时任甘肃布政使的岑春煊率军护驾有功，屡次蒙赏吃白菜鸽松。其后岑春煊升任两广总督，常常油然而思白菜鸽松的美味。偏偏广东地暖不产大白菜，情急之下，家厨改用生菜代替大白菜。由于生菜叶面积较小，所以取消油炒饭，只用生菜叶包鸽松吃。岑春煊的一支族人移居顺德桂洲，把吃鸽松生菜包的方法带到了顺德。有诗为证：

插羽佳人入馔香，晶莹细腻见刀章。

名肴得拜清皇赐，百岁流芳播大良。

其后，“鸽松生菜包”衍生出“鹌鹑松生菜包”“蚬肉生菜包”“凤城蚝豉松”“炒蠕润松”等众多名菜。

三洲爒[1]蒸鹅

炭火爒蒸鹅（伦教一家人饭店堂提供）

香飘户户吐烟霞，巧手爒蒸艺可夸。

祭祖肥鹅扬富足，开年厚礼送娘家。

顺德伦教三洲爒蒸鹅是当地比较名贵的菜式，据说其制作工艺堪与羊额烧鹅媲美。首先选鹅，去毛，然后开肚，放进油锅炉里反复滚动至呈金黄色，这就是“爒”。接着将茴香、八角、海鲜酱、姜葱等配料塞进鹅腔里，再加芋头、粉葛等辅料蒸20~25分钟，这就是“蒸”。爒蒸鹅由此两道工序而得名。最后将鹅斩件，便可上桌了。爒蒸鹅制作的每个步骤都十分讲究，选鹅要以清远乌鬃鹅为佳，开膛时裂缝越细越好，更要全力保证菜肴色香味俱全。

据三洲居民介绍，现在当地几乎家家户户都会烹制爒蒸鹅，逢年过节他们也喜欢吃爒蒸鹅。这种工艺仅存于当地。已有食肆把爒蒸鹅推出市场，如“炭火爒蒸鹅”等。

据《珠江商报》报道，过去，外嫁女于大年初二会带上一只爒蒸鹅回娘家，以示家庭生活和谐。而能否吃上爒蒸鹅也是富裕或贫穷的标志。

鉴于三洲爒蒸鹅严谨的工艺流程和它所折射的地方风俗，伦教街道努力申报这个项目为佛山市非物质文化遗产。此前，伦教糕与羊额烧鹅都有意申报佛山市非物质文化遗产。

① 爒，粤音liu[1]。爒是顺德民间的一种短时间的预热方法，把肉类放进油锅里反复滚动，以收加温、生香、添色的效果。

附　三洲燎蒸鹅的由来

伦教三洲有一名孝女，姓吴，娘家是荔村的一个士绅兼富商之家，曾祖父吴梯，清道光年间著名良吏，而且能文善诗，是道光“粤东七子”之一。依顺德风俗，农历大年初二，外嫁女要回娘家给父母拜年，捎带一些心水礼品孝敬老人家。带什么礼物好呢？孝女内心纠结。

顺德人爱吃鸭，县里一直流传着“食极肥鸡都唔似瘦鸭”的俗语。但荔村人却不吃鸭！原来，当地人信奉“玉封道果唐人真君”即“主帅公”，荔村人出生后即由父母做主，当上了“主帅公”的“契仔”或“契女”。“主帅公”是荔村人的守护神。据传，“主帅公”未成仙时，有一次出征，误中了敌人的埋伏而败逃，巧遇一群鸭子踏没了马蹄印，追兵失去了目标，“主帅公”才幸免于难。因此，信奉“主帅公”的荔村人把鸭子当成神物，不但自己不饲、不宰、不吃鸭，碰到手提肩挑鸭子路过荔村的外乡人，也常要责难一番。

吴孝女想，父母大人总是记挂着我，还时时捎口信来询及我的境况，生怕我缺吃少穿。要使老人家放心，口讲无凭，只有通过礼物的丰盛才能让他俩实实在在亲见我夫家的富足。既然不能送鸭，那就送鹅吧，毕竟鹅体量比鸭更大，价钱也更高。拿定主意后，吴孝女把鹅宰了，先把光鹅放进铁镬里燎过，做初步的熟处理，然后加味炆蒸至焓，好让老人家品尝。

由于吴孝女出身名门，为人善良正直，在三洲有一定声望，村民都效法她烹制燎蒸鹅，这一食俗延续至今，燎蒸鹅成了三洲的一道名菜。

生炸脆皮鸽（顺悦酒家提供）

生炸脆皮鸽

华侨海外引良苗，落户岐江娶贵娇。

兼具中西王血统，金枝玉叶最妖娆。

这首诗咏的是石岐乳鸽。石岐乳鸽是从国外引进的优良鸽种与中山良种鸽杂交而培育出来的大型肉鸽品种。红烧乳鸽中外驰名，顺德籍国宝级粤菜大师康辉曾以拿手菜红烧酿乳鸽倾倒过无数中外食客。顺德籍香港名厨何柏先生精制红烧脆皮乳鸽等名菜，享有“乳鸽大王”美誉。

顺德红烧乳鸽，经历了从熟炸到生炸的技艺蜕变和演化过程。

改革开放初期，顺德厨师到石岐乳鸽之乡——中山，学习观摩，把“老师”熟炸乳鸽的技术“拿来”，为我所用。后来，在烹饪实践中，顺德厨师发现，凡是肉类受火就会脱水。熟炸的红烧乳鸽要先后经过三次脱水，而改用生（鲜）炸，则乳鸽失水较少，而且可以缩短“风干”的时间，用大约 3 小时即可，甚至两小时“风干”即可入柜。这样炸出来的乳鸽的确是“香脆嫩滑，甘香可口，咬落有汁”。大良新城区顺悦酒家的金牌乳鸽是先用盐焗粉、沙姜粉、味椒盐、十三香等调料腌制乳鸽 4 小时，然后把乳鸽漂水，用麦芽糖、白醋调好“皮水”，将乳鸽“挂皮”，经风干后即点即“烧”，成菜皮色红亮，皮下脂肪融化，口感香脆，掰开鸽胸肉，明显感觉到鲜美的肉汁溅出。此菜被评为凤城招牌菜。容桂金雪燕的金牌红烧乳鸽也远近闻名。

经过从熟炸到生炸这一改良，中山厨师倒要来顺德学做红烧乳鸽了。

在第二届陈村花卉美食烹饪大赛专业赛上，“茉莉花香熏乳鸽”从众多花馔中脱颖而出，入选了陈村花宴菜谱。

这道获奖花菜由当时顺联温德姆酒店荟萃轩中餐行政总厨卢远池师傅创制。卢师傅来自厨师之乡勒流，有中式烹饪技师职称，享中国烹饪名师和广东烹饪名师荣誉。2008年，2010年，他曾以“田园扣肉”“富贵花开”，荣获佛山市南海区美食节金奖；2009年，凭“参（心）满意足”一菜获江门市美食节金奖。

卢师傅在研制茉莉花香薰乳鸽时，面对的最大难题是如何让茉莉花香沁入乳鸽的肌肉乃至骨头内。经过反复摸索和试验，卢师傅决定用干湿并用、上下夹攻的办法烹制。他先用开水将干茉莉花泡出味，用茉莉花水与乳鸽一起煮，使乳鸽受入花味，然后用竹笪分层，下有干茉莉花蒸汽上熏，上有鲜茉莉花与乳鸽亲密接触，在密封的砂锅与外层的锡箔中，同熏至乳鸽花香彻骨，最后还蘸花汁佐食。真可谓肉香与花香完美融合。这道菜，乳鸽肉质鲜嫩，香气扑鼻，茉莉花有清热解毒的功效，是一道名副其实妙不可言的花馔，远非只用花朵点缀装饰、只做表面功夫的伪花菜可比。有诗赞美茉莉花香熏乳鸽：

招来硬羽半天娇[①]，锡帐陶城烈火燎。

借得芳华熏透骨，新潮巧馔美难描。

茉莉花香熏乳鸽

茉莉花香熏乳鸽
（陈村镇经促局提供）

① “半天娇”是鸽的美称。为保证肉香，乳鸽不宜太嫩，故选“硬羽”的入馔。

金牌琵琶乳鸽
（洪连勤师傅提供）

金牌琵琶乳鸽

豪华大气的菜谱上，印着“金牌琵琶乳鸽”的芳名，下注“顺峰当之无愧的明星菜品”，并用中英文推介其显著特点：“琥珀光泽，脆皮。”

这道金牌菜的创制者，是中国烹饪大师洪连勤。洪师傅出身于勒流一个厨师之家，1987年入行，“跟”顺德十大名厨之一李灿华学艺，1992年进入“顺峰”。公司的精心培养，自身的勤奋学习，令他厨艺日臻精湛，特别是成为国宝级中国烹饪大师康辉的“入室”弟子后，不时有幸进入康老的厨房，学得不少独门烧卤秘技，跻身于顺峰多家分店厨师长的行列，并晋升中烹高级技师。

说起金牌琵琶乳鸽的创制历程，洪师傅坦言并非一帆风顺。想当初在佛山“顺峰”时，他先做的是脆皮腊鸭。因为腊鸭盐味太重，要花不少工夫减“咸”。当他满怀希望把脆皮腊鸭带上北方时，却因“水土不服”而被迫叫停。为适应市场需求，只好把脆皮腊鸭改为香茅脆皮乳鸽，利用香茅那相当持久的“柠檬般”的气味吸引当地吃货的感官，此菜终于得到了初步认可。追求完美的洪连勤师傅，又对菜式做了进一步的改良：主要是把腌后风干的时间从4小时缩为2小时，以减少乳鸽水分的蒸发；其次是将乳鸽胸腹完全剖开，压平，烧熟，成为琵琶乳鸽。这道烧烤佳肴皮脆肉嫩，香口有汁，曾获得中国烹饪协会大赛金奖。以后，洪师傅多次把这道金牌菜送上钓鱼台国宾馆的盛宴上，得到了中外贵宾的交口称赞。正是：

昂头展翅造型新，软玉飘香诱煞人。

巧制琵琶金奖菜，钓鱼台上宴嘉宾。

蟹肉扒百花酿鸽嗉

中华餐饮名店大良东城酒楼有一道刁钻菜：蟹肉扒百花酿鸽嗉。鸽嗉囊位于食管下部，用来储存食物，质地爽而不韧。厨师利用鸽嗉囊像个袋子的形态特征，把它治净后酿入味鲜的食材，制成食味、口感、造型均属上乘的佳肴。

顺德均安镇李小龙雕像

这道菜的诞生，相传源于一个怪人的一件小事。20世纪末，大良某酒楼有一位爱财的厨师，每逢领到工资，他都先是数了又数，嘴里嘀咕道：“鸡嗉咁（这么）多（少）钱。”然后小心翼翼地分放两个口袋里，谨慎地把袋口的纽扣扣好，再按几下，才放心地说：“袋袋平安。”有一次，他接单要做一道名为“代代平安”的吉祥菜。正想得焦头烂额毫无头绪时，突然传来福音：“发工资啦——”他一拍口袋，说：“有了！”把储存好的鸽嗉浸透洗净，抹干，涂上粉，酿入虾胶（雅称“百花”），放上青豆仁（表示纽扣），排放盘上，蒸熟。再把西蓝花焯水，放在盘子中心叠好，然后把蟹肉焯水，加入味粉、生粉、蛋清拌好，勾芡后浇在鸽嗉上便成。此菜运用谐音（“袋”与“代”同音）、象形（嗉囊呈袋形）的手法，巧妙地表达“代代平安”的寓意。酒席主人对此菜的色、香、味、形、意大为赞赏。后来，蟹肉扒百花酿鸽嗉成了东城酒楼有名的叮嚨[1]菜，一直保留至今，还被载入《顺德美食精华》《顺德原生美食》等典籍中。此菜还引出了另一中华餐饮名店——顺德渔村的早点蒸鸡草肚（鸡嗉）。有诗咏蟹肉扒百花酿鸽嗉：

宝囊启处百花香，玉露淋漓味倍长。

寓意平安传世代，叮嚨小菜写华章。

① 叮嚨，粤语方言词，意为刁钻、奇特、怪异。

4

畜类佳肴 惹食指

顺德烧乳猪
东头烧猪
脆皮金猪鹅肝夹
黄连叉烧
均安蒸猪
金钱蟹盒
大良野鸡卷
……

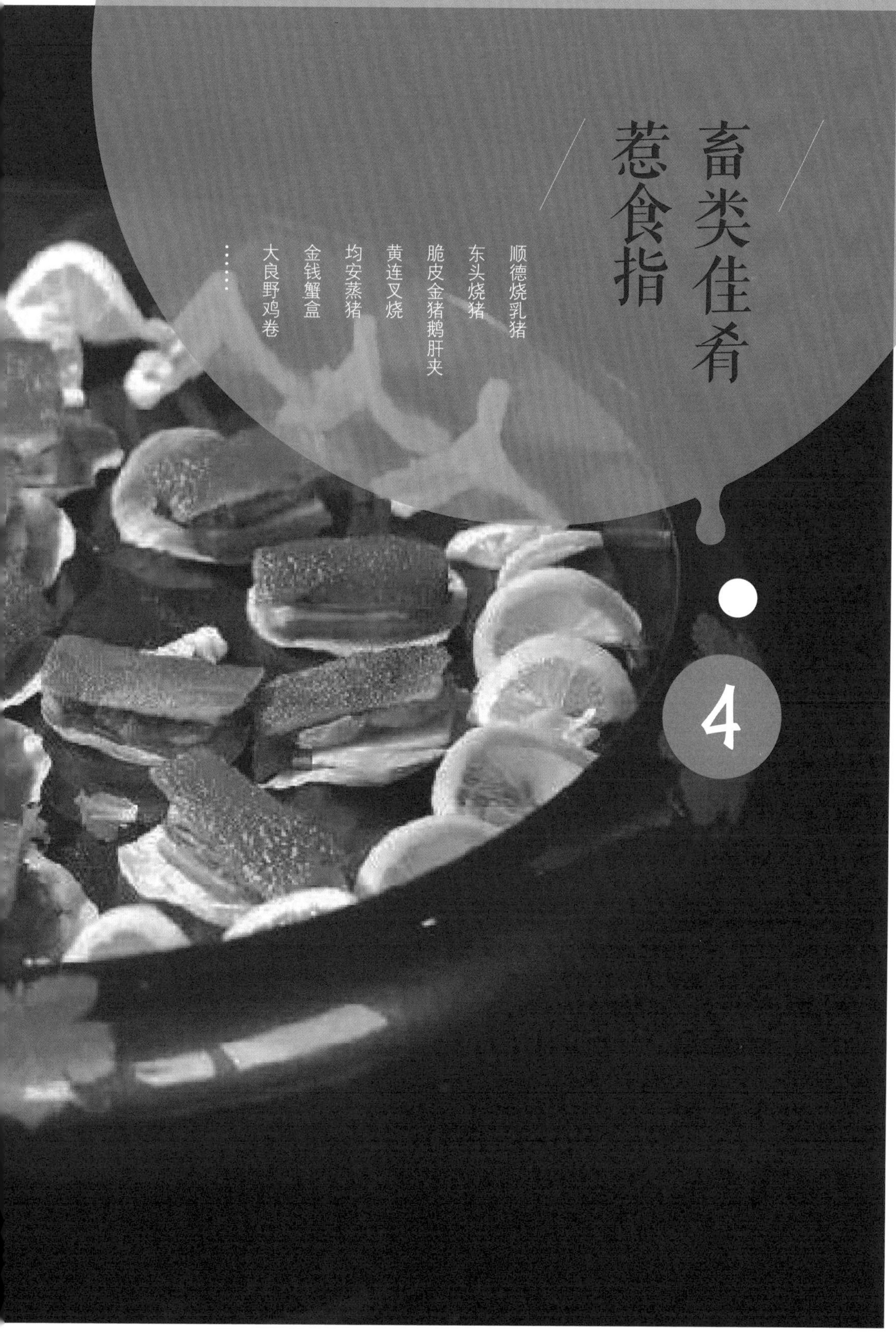

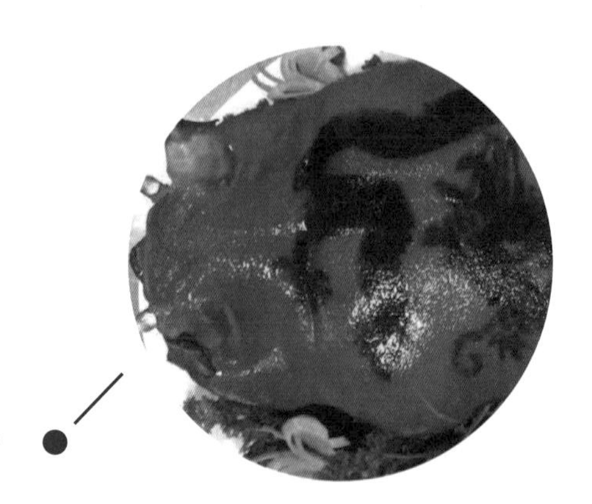

顺德烧乳猪

顺德烧乳猪的美味故事

红肥赤壮小金猪，皮脆肉香与众殊。

寓意祯祥居席首，堪称粤菜一明珠。

广东烧乳猪，信而有征的历史可追溯到西汉初年的南越国。顺德石涌人吕嘉在南越国三代为相。该王朝盛行的烧乳猪技术以后在顺德大地流传。近世，顺德烧腊师将传统技艺加以改进，加入糖起焦化着色作用，加入醋起脆皮作用，加入度数高的白酒收酥化效果。一道皮酥肉脆的烧乳猪，变成了顺德盛宴的头盘。顺德烧乳猪表皮松化，色均匀，肉质鲜，装盘后形呈瓦坑，放上一两个小时其皮仍能保持松化，故适合耗时较长的大型宴会。其色泽金红亮丽，被赋予大展鸿图的吉祥意蕴。凤城麻皮乳猪曾被列入第七届中国岭南美食文化节顺德名菜精品宴。

烧腊，是顺德厨师擅长的传统烹调技艺。在容桂的三圩六市，都有烧腊店香飘远近。当地人还把十多家烧味饭店开到省城，民国时期，汉兴、八珍、佳栈等店都有烧乳猪飨客。顺德出过杨海、廖干(gàn)、梁冠等制作金牌乳猪的名家高手，分别坐镇广州泮溪、北园、大同等餐饮名店。他们的事迹在业界被广为传诵，其中，广东省特一级烧卤师杨海创制金龙乳猪的故事尤为脍炙人口。

1988年初，广州饮食公司要求泮溪酒家研制一只技高一筹的烧乳猪赴京参加第二届全国烹饪大赛。这个任务便落在杨海师傅身上。当时他想，如果在烧乳猪背上烧出一条“龙”做饰物，既可以寓意龙年，也可寓意吉祥，还可以跟一般乳猪区别开来。他利用糖、酒、醋的混合物经烧烤后可以变成青黑色的化学原理，终于在猪背上烤出一条“龙”来。这条“龙”似绣非绣，似描非描，笔画精细，线条清晰，似在红云之上，飞腾而来，给人以新鲜感和神秘感。试制成功后，杨海师傅无私地把这项技术传授给爱徒冯秋，并鼓励冯秋代表酒家赴京比赛。结果冯秋不负所托，凭这款新颖的金龙化皮乳猪拿到了大赛金奖。

金龙化皮乳猪（冯炳良师傅制作）

东头烧猪

东头烧猪（龙江饮食协会提供）

东头烧猪又名甘竹里海金猪，是龙江镇知名烧腊品牌。

清末民初，龙山龙江一带因蚕桑业和缫丝业兴盛而成为顺德最早的首富之区，有“两龙不认顺”之谚。而东头街所在的里海是宋代以来广东最大的桑园围的开口处。堤围建成后，当时唯一运输工具——船只只能从外海进入里海，再由里海转船运入内河各地。所以东头一带成围内水上商品运输中转的大

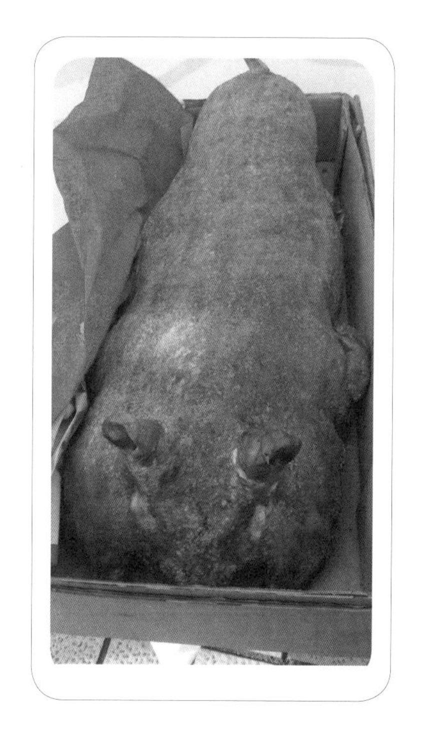

码头（见《龙江千年回眸》）。水上运输发达，带来了商贸的兴旺。当地的烤猪业历史悠久。以礼佳肉档为例，档主谭礼佳家经营此业已历四代。曾祖父早在清代咸丰年间（1851—1862）就在尖岗圩开设生盛号，而伯祖父则移居南洋槟城也操此业。礼佳得祖辈工艺真传，所制挂炉中猪选用40千克左右的中猪，剖好后除骨，在猪身里均匀涂上腌料、盐、五香粉等腌制二三十分钟，然后抹上猪油，用炉柴烤制，比用电炉烤猪更原汁原味。

东头烧猪皮脆肉嫩，在每一块烧肉上，都可以清晰地看到肥瘦相间的花纹。据专业师傅介绍，最理想的烤猪肉是分为五层的，除猪皮外，两层肥肉与瘦肉相间。龙江籍奥运选手梁嘉鸿曾说：“总觉得东头烧猪是最好吃。”东头烧肉被列入龙江十大名菜。2015年，东头烧猪制作标准业已制定并公布。2017年7月1日，在庆祝香港回归20周年晚宴上，东头烧猪作为“头牌菜”华丽亮相。2018年，东头烧猪制作技术被列入顺德区非物质文化遗产名录。无论是赛龙夺锦，还是喜庆宴会，东头烧猪都会红纸垫底，红花盖头，作为奖品或吉祥佳品备受追捧，凸显尊贵。该村甚至出现了“东头猪贵”“一猪风行”的局面。有诗为证：

清中创业誉槟城，世代相传技艺精。

炙得金猪肉如雪，簪花挂彩赠头名。

东头烧猪的美味故事

脆皮金猪鹅肝夹

脆皮金猪鹅肝夹（喜来登酒店提供）

在2017全民最爱十大顺德创新菜中，五星级的喜来登酒店的脆皮金猪鹅肝夹以造型新颖、格调高雅而特别引人注目。

话说在2013“乐寻凤城招牌菜”评选活动中，评委们在“喜来登”惊喜地品尝到一款异乎寻常的候选菜：貌似具体而微的汉堡包，上层是香脆的烧乳猪皮块，中层是香嫩的法国鹅肝，下层是甜辣的酸姜片，底层是爽口的西生菜块，夹叠成菜，送进嘴里一咬，四种不同的质感和滋味渐次在口腔中融为一体，令人回味无穷。这款脆皮金猪鹅肝夹顺利入选了凤城招牌菜。

其实，这道创新菜是从“顺峰”名菜法国鹅肝片皮猪改良演变而来的。2001年9月，在首届全国粤菜烹饪技术大赛上，“顺峰”就以法国鹅肝片皮猪赢得了烧卤项目金牌。据亲历者罗福南大师回忆，当时由国际中餐大师林镇国与他联手调制法国鹅肝，由顺德烧卤名师麦盛洪烧制脆皮乳猪。先用牛奶把法国鹅肝浸上一夜以增香气，然后蒸至九成熟，再浸卤水以增鲜，接着放入冰箱冷藏过，取出，切成块。另用碌叉法把乳猪烧好，起脆皮改成与鹅肝大小相同的骨牌形，从上下两面将鹅肝夹住成菜。此菜甫一亮相，立即得到以著名粤菜烹饪大师黄振华为首的评判团一致好评：“中西结合”“把中国广东喜宴头菜烧乳猪与西方饮食文化代表法国鹅肝亲密接触，脆与嫩和谐合一，滑与爽超常搭配。”

正是：

巧将金箔夹鹅肝，汉堡藏珍上玉盘。

合璧中西优雅菜，融和美味誉厨坛。

说起黄连，附近四乡乃至省、港、澳不少老一辈的人都知道黄连“双璧”——风炉与叉烧。

20世纪20年代后期，黄连有一位眼光独到的商人，名叫罗杰臣。他在当时人流最旺的黄金地段——“石狮脚”，开了利昌烧腊店，经营烧肉、叉烧。初时，虽然他用心经营，可是生意却不怎么兴旺，他明白自己的烧腊还欠点“火候”。几经寻觅，罗老板终于物色到一位烧腊怪杰——“疤眼[①]堂”。“疤眼堂”其貌不扬，却身怀绝技，罗老板出高薪将其罗致麾下。这位烧腊怪杰果然身手不凡，经他巧手烤制的烧肉，尤其是叉烧的确脍炙人口。原来，他专挑“中头脢”精肉（即猪的颈上肉），选山西汾酒、上好的麦芽糖和豉油，配以秘制的香料及上等的木炭，按照独门秘笈精心炮制。“利昌”叉烧成色十足，肥中夹瘦，瘦中带肥，肥的透明如玉，瘦的色如琥珀，入口如饴，甘香嫩滑，吃后齿颊留香。一时间名声大噪，购买者趋之若鹜。之后不久，另一间叉烧店——“利民”开张，也是一“烧”风行。

从此，黄连叉烧的芳名不胫而走，不仅名扬顺德城乡，还吸引港澳同胞闻香下车呢。

几十年后，黄连又出了一位烧腊名师——“大头华”。他制作的传统叉烧与他的烧鹅一样呱呱叫。他烧的叉烧喷喷香，肥肉爽而不腻，瘦肉甘香而不柴，每串叉烧几乎都带有一两颗指甲大的焦黑“叉觭”。这颗“叉觭”显示了火候恰当，用料纯正而均匀，仿佛清代官员帽上的顶戴花翎，能够证明此官的身份一样，足可证明此乃货真价实的黄连传统叉烧。有诗咏黄连叉烧：

炭火余温炙蜜浆，先调汾酒味悠长。

光如琥珀明如玉，古镇叉烧誉四乡。

黄连叉烧

① 疤眼，粤方言叫“愣鸡”。

均安蒸猪

诗曰：

蔡澜翘指叹雄哉，港澳游人眼界开。

凛凛香豚成百重，谁知甑自木笼来。

话说民国初年某个端午节，顺德均安举办通天埠五梲龙艇大赛，有过百艘龙艇报名。沙浦村正街坊的龙艇也在参赛之列。赛前，村里一位财大气粗的大耕家[①]与该艇扒仔（划手）打赌，承诺万一此艇能入三甲，他就送一只大肥猪。正街坊的扒仔“不争（蒸）馒头争（蒸）口气”，

① 大耕家是指从事养蚕种桑、酿酒养猪等多种经营的富裕农民。

均安蒸猪（均安大板桥农庄提供）

均安蒸猪的美味故事

心往一处想，劲往一处使，如愿荣获第三名。这下大耕家愿赌服输。当时已是红霞满天的傍晚，正街坊的扒仔从赛会领来了奖品金猪全体，又赢得了大耕家送来的一头大活猪。有人提出：烧猪吃多了，不如变变口味，来个蒸猪吧。大伙儿一致赞成。

经百年薪火相承，炊具不断改进，制法不断创新，均安蒸猪成了均安四大名菜之一，均安蒸猪制作技艺被列入顺德区“非遗”名录中。

烹制均安蒸猪，以 50~60 千克重的大猪为佳。宰杀治净剔去大骨，从腹内剞痕，猪身分割为彼此隔而不断的大块。把调味料涂遍猪身内外，腌约 1 小时至完全入味。盖上盒盖，放入土灶大铁锅内，以旺火隔水蒸上 40 分钟至熟。由于大猪的油脂在蒸制过程中已经化去，故猪肉吃来肥而不腻；又由于杉木质地疏松，可将多余水蒸气吸收，因此猪肉干爽清雅。香港美食家蔡澜赞均安蒸猪“口感很爽”，吃法“豪迈”。经中央电视台《舌尖上的中国》推介后，均安蒸猪更是一时风靡全国，闻名世界。

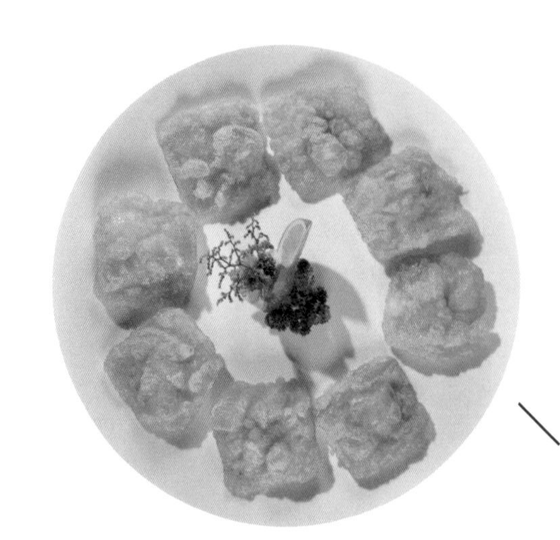

金钱蟹盒

金钱蟹盒的美味故事

诗曰：

顺德厨师有妙方，皮肥馅瘦蟹虾藏。

油烹巧制金钱盒，脆化甘香佐酒王。

此诗咏唱的“金钱蟹盒”是一款历史名菜，据传为“凤城厨林三杰”之首区财所创。

区财早年曾在资助顺德科举考试和教育的民间机构——青云文社当杂工，在这人文荟萃的华堂受到了文化熏陶。其后他有幸到“广东食圣”江孔殷太史府邸做家厨，遂得驰名岭南的“太史蛇羹”等秘技真传，擅长制作小型筵席，尤精于鲍参翅肚的烹制。他还受聘为清晖园最后一位园主“恩官”掌勺，烹制“火腿酿银芽”等典雅菜式。

一日，区财偶然看见一只长爪大蜘蛛（俗称“禽罗”）身旁有个扁圆形白色小丝盒，拆开一看，盒内藏着很多小卵。这就是民间所说的“禽罗盒”。区财晓得，在唐代，“七夕”（乞巧节）的祭月供品中，有用盒子装着蜘蛛的，叫“蟢蛛儿”，有求子之意。区财从“禽罗盒”奇特的形态和结构中获得灵感，把两块改成直径约4厘米的圆形"冰肉"捏成盒形，纳入猪肉粒、冬菇粒、马蹄粒等馅料，鲜蟹肉更是此菜的灵魂，油炸至呈金黄色。初时称为"禽罗盒"，后来因馅料不同而分别命名为"金钱蟹盒""金钱虾盒""金钱鱼盒"等。香港食评家唯灵先生评论说：金钱蟹盒"甘脆鲜冶，风味与野鸡卷不同而精彩则一，二者堪称'凤城双绝'"。

1990年，仙泉酒店的"金钱蟹盒"被评为佛山市美食节金牌菜。2007年，"金钱虾盒"出现在顺德名菜精品宴上。经创新发展，它还衍生出"什锦虾盒"等菜式。

凤城金钱蟹盒（魏民摄）

大良野鸡卷

弄假成真寄巧思，厨乡肉卷美名驰。

精烹靓料甘香化，一色金棋一韵诗。

这首美食竹枝词咏的是大良野鸡卷。野鸡卷是用其薄如纸、晶莹剔透的“冰肉”和猪柳薄片相叠卷成圆条，蒸熟后切棋子形油炸而成的。此菜甘脆酥化，焦香味美，肥而不腻，在食家心目中，是仅次于炒牛奶的顺德传统名菜，它是“最能反映凤城菜选料严格、刀章细腻、加工讲究、调味和谐、火候精到的特点”的菜品之一（唯灵先生语）。

顺德档案馆资料记载，野鸡卷以前是“干镬炕熟”的。后来，清末豪绅龙季许在乡试（省级考试）中考中副榜举人，在春岩祠（旧址在大良隔岗大街向阳里）宴客，“筵席较多，迫不及待，改用油炸”。从此野鸡卷成了油炸菜品。

可以想象，炕野鸡当比炸野鸡卷更加精工细作。在民国十七年（1928 年）8 月 29 日《越华报》上题为《凤城食谱》的文章里，野鸡卷与炒牛奶等菜被并列为“处别所无”的顺德名菜。2015 年，野鸡卷拼炒牛奶被评为“全民最爱十大顺德菜”之一。

关于野鸡卷得名由来的故事甚多，众说纷纭，但都着眼于解说“野鸡”。《粤厨宝典》的作者潘英俊眼光独到，他认为菜名本是“冶脐[1]卷”。“冶”指其初始制法“炕”。“脐”与“鸡”在粤语中读音相近，指肥肉受不煴不炽的火烧出的焦黑凸点，是火候足而肥肉质感酥脆的标志，例如靓的肥叉烧就有一两点火脐。与野鸡卷相近的金钱鸡得名也如出一辙。

白雪映金钱（炒牛奶拼野鸡卷）（顺悦酒家提供）

炸牛奶拼野鸡卷（东城酒楼提供）

① “脐”在粤语中念gei¹，也可念作kei¹。

黄连三拼烧

2017年3月。在勒流街道黄连社区“三八”妇女节美食比赛上，广绣坊绣娘根据《黄连史料》记载，成功复制了改良版的历史名菜三拼烧。

三拼烧以猪肝、猪舌、精肉为主料，分别片成薄片，用酱油、汾酒腌至入味，涂上蜜糖，用长铁针并列贯串起来，放入炉中烧焗至焦香。成品色泽金黄，甘香可口，可酒可茶可餐。

据说黄连三拼烧起源于清嘉庆年间。龙山人温汝能厌倦游宦生涯，辞官南归，在莲溪（今黄连）筑室藏书数万卷，编辑成《粤东诗海》《粤东文海》两部大型集子刊刻行世。他还饶具胆略，能够指挥作战。嘉庆十四年（1809年），海盗张保仔扑入内河劫掠。温汝能主持龙山团防工作，积极筹款购置洋枪洋炮。海盗船队急攻黄连，汝能亲率部众驰援，发炮轰击海盗的船棚尾，烧

顺德黄连镇年丰楼

毁其帆桅。海盗围攻六天六夜，见取胜无望，只好退却逃离。当时有一位被困厨人目睹海盗船桅帆被炮击中撕裂三片自然焚毁，他灵机一动，创制了三拼烧，以表胜利的喜悦。正是：

莲溪水畔炮声隆，贼舰桅帆化火龙。

巧借穿烧传捷报，飞鸿展翅味香浓。

黄连三拼烧的扬名，与银行家关楚白关系颇大。关楚白是黄连关地人，早年在广州开银号“关恒昌”。20世纪30年代初，“陶陶居”在第十甫马路旁兴建钢筋混凝土大楼。由于资金不足，向“关恒昌”贷款周转，后来关楚白把大部分贷款当作投资入股。作为大股东，关楚白将他爱吃的三拼烧向酒家推荐，于是，三拼烧便成了“陶陶居”的招牌美点推出飨客，名声渐响。

凤城金钱鸡

金钱鸡是粤式传统烧味品牌。与野鸡卷一样，名为“鸡”，实为猪肉。所谓“金钱”，是指其主料猪肥肉、猪瘦肉、猪肝均改成圆形薄片，腌透后用长铁针梅花间竹贯串起来，涂上蜜糖，入炉明火烤至焦香，食用前拔出铁针，各烤片中心留有一孔，形似“孔方兄”——铜钱。

金钱鸡应当是从黄连三拼烧演变而成，把原料之一猪舌改为猪肥肉。民国时期，由容桂上佳市人杨杰华（绰号“怪杰”，广州十七甫八珍馆经理）等人带到广州，其后经历了三变。因为当时家庭没有烤炉，于是金钱鸡有了“家庭版”：将三片叠放一起，放进油锅中炸熟，若做点心，以荷叶夹（半圆形面制薄片）佐吃，此一变；后来鸡肝取代了猪肝，烤熟，涂上蜜糖和芝麻油再烤片刻，成菜更焦香诱人，名为“凤肝金钱鸡”，这一改良，被载入“广东食圣”江孔殷的孙女、美国烹饪教授江献珠的《传统粤菜精华录》中，此二变；香港“食神”梁文韬用铝箔将腌入味的冰肉、鸡肝、姜片包起来烤得外香脆内甘美，减轻了肥腻感，此三变。

新鲜出炉的金钱鸡无人能抗拒其放射性诱惑，被称为“重量级的经典美味”。在香港、澳门，还有一些经营传统美食的

顺德黄连镇雪圃学校

老字号，都坚持供应金钱鸡，例如香港凤城酒家、莲香楼，澳门永利轩等。尽管许多现代人出于健康的考虑而疏远了金钱鸡，但它的佳味仍然萦绕在老一辈人的齿间乃至心头。蔡澜就不时重温品尝金钱鸡的旧梦。正是：

串烧三宝似金钱，爽口甘香诱谪仙[1]。

旧味如烟终未散，缥缥缈缈绕心田。

凤城金钱鸡的美味故事

① 谪仙原指李白，这里借代酒徒。

诗曰：

粗料精烹价喜人，东瀛报界访厨珍。

鸭肠缠绕烧冰肉，香胜桂花色味匀。

此诗吟咏的是“粤菜烧腊食品的代表作”——香烧桂花扎。

香烧桂花扎的创制者廖干（gàn）是顺德杏坛龙潭霍村人，早年到香港拜师学艺，后辗转广州几家著名酒楼掌管烧、烤、卤、腊业务，是20世纪六七十年代北园酒家著名烧卤大师，享有“烧腊状元”美誉。曾为美国前总统尼克松烧制“挂炉鸭”。

然而这位大牌名厨出身农家，一辈子保持着劳动人民艰苦朴素的本色，他珍惜天物，尊重食材，连别人丢弃的下脚料也视为珍宝。善于粗料精制是廖干师傅的一大特长。20世纪60年代，上级为了让粤菜烧烤食品有别于旧社会的出品，号召厨师们创新。就在这样的氛围中，廖干从顺德传统名菜“大良野鸡卷”得到启发，把瘦里脊肉片、糖冰肉薄片、咸蛋黄长条卷成卷形，用猪网油包好，用鸭肠把肉卷叠捆扎紧，腌味后放入烤炉烤熟，出炉后淋上糖浆，切块造型，最后淋上卤水。此菜精工细作，鲜嫩甘香，色佳、味美、价廉，被列入“北园”十大名菜，引得日本报界也前来采访。某年一名人在北京设宴，已定于某日晚上6时开席。他听说“北园”的香烧桂花扎味美，临时致电“北园”赶制此菜，派人乘搭飞机到广州，取菜后又乘搭下午4时的班机带回北京做筵席佳肴。香烧桂花扎魅力由此可知。

每逢休息回乡，廖干多到勒流鼎力酒家，找好友张远“摸着酒杯底”切磋厨艺，他把巧制香烧桂花扎等技艺带回家乡，传授给顺德的同行。

香烧桂花扎

香烧桂花扎
（福盈酒店提供）

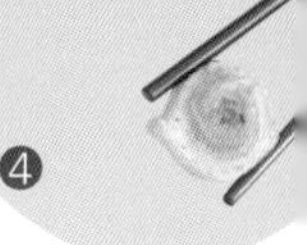

春花肉

吉列春花饼（新世界酒店提供）

春花肉，又名网油炸春花，是顺德一款历史悠久的传统美食。它由古代迎春美食春饼或春卷演变而来。立春是农历二十四节气之首，立春日以“春”命名的筵席与节物，多以蔬菜如萝卜、芽菜、生菜为主，重视享口福的岭南人自然嫌其过于“寡淡”而加入肉类；又因立春时“渐觉东风料峭寒”（东坡诗），不宜多吃生冷之食，所以岭南人改用酥炸五花肉切片，而仍以“饼”或“卷”的形态出现，“薄本裁明月，柔还卷细筒”就是明清时代春饼形象的写照。随着我国从农耕社会向工业社会的转型，现代人对立春重视的淡化，春花肉成了团年宴上的佳肴。

在顺德，春花肉兼演小吃与菜肴两种角色。它酥脆甘香，价廉物美，赢得普罗大众的喜爱。八九十年前，街头常见小贩用大而浅的竹窝盛载炸得香喷喷的春花肉，用头顶着，沿街叫卖：“油炸春花肉——”搬运工人花几文小钱，买两三件春花肉佐酒。小户人家也会派遣小孩买来“加菜”。过去男尊女卑，男席菜式是野鸡卷，女席相应菜式是春花肉，可见春花肉并非高贵之品。较高档的春花肉是将大地鱼、蚝豉、云腿、马蹄（荸荠）切小粒，卷以猪网油炸酥，切成寸长的卷。猪网油受热脂肪消融，余下网格，马蹄粒晶莹洁白，若隐若现，仿佛云石一般，有一种朦胧美。

如今，春花肉的制法和风味发生了改变。“顺德厨王”谭永强用鲜爽的鱼肉取代稍嫌肥腻的五花肉，粘上面包糠做吉列炸，使成菜变得酥香清爽，在第四届全国烹饪大赛上成为大众筵席优胜奖菜式，并在厨师之乡擂台赛上，获小吃类满分。有诗咏春花肉：

酥化甘香悦颊牙，群芳宴上赏春花。

品高堪比野鸡卷，尝入厨乡千万家。

顺德蒸肉饼

顺德蒸肉饼的美味故事

顺德人蒸猪肉，由粗放的蒸肉片发展到细致的蒸肉饼。以前，广州十三行的大商家请火头，蒸肉饼是“考题”之一。鸦片战争前后，凤城厨师多赴穗从厨，故对蒸肉饼的技艺研究透彻。顺德蒸肉饼以做工精细、味道鲜美、口感多样、老少咸宜著称。

说起顺德蒸肉饼，不能不讲到凤城名厨冯满、冯均兄弟，他们是大良隔岗人。冯均在澳门开了一家龙记酒家，经营顺德菜。该店出品的各色肉饼最脍炙人口，其中珧柱肉饼、马鲛咸鱼肉饼、咸蛋肉饼、鱿鱼肉饼让众多食客“食过返寻味”。这些肉饼虽然材料极其简单，但搭配合理，制作精巧。以鱿鱼肉饼为例，主料是两成肥八成瘦的猪上肉，辅料是土鱿即干鱿鱼，配上马蹄（荸荠），让肉饼变得清爽不腻，口感一新。制作上也讲究技巧。要把少量肥肉掺进去同蒸，肉饼才会滑嫩，此其一；肥肉要切粒而不要剁蓉，以防蒸起来泻油，此其二；蒸前要加入清水和湿生粉，肉饼才蒸得嫩滑，此其三；蒸时用中火，避免

排骨肉饼蒸饭（皇帝酒店提供）

高温令猪肉泻油，此其四。此菜正如某广告所言：“简约而不简单。”有诗赞曰：

妆匣[1]乍开玉镜[2]莹，清香爽嫩做工精。

品高还赖千刀切，燕瘦环肥巧撮成。

由冯均的长兄冯满开创的香港凤城酒家，也以精制蒸肉饼著称。香港美食家蔡澜先生与饮食同好倪匡先生曾在凤城酒家以顺德菜招待内地编书家陈子善先生。陈先生品尝后大加赞赏，说“每道菜都颇为精致，色香味俱全”“至今仍齿颊留香”。席上就有鱿鱼肉饼。

① 妆匣：喻笼屉。

② 玉镜：喻整碟肉饼。

原个南瓜蒸肉排
（顺德名厨林潮带烹制）

原个南瓜蒸肉排

原个南瓜蒸肉排
的美味故事

在1998顺德美食大赛上，陈村金兰轩酒店的创新菜原个南瓜蒸肉排获得了金牌菜殊荣，而这个获奖菜式却是一般人心目中的一款“粗菜”。大赛评委众口一词地赞扬该菜构思巧妙奇特，作为盛器的南瓜吸收了肉排的油脂和汁液而变得甘香鲜美，而肉排因而变得清爽不腻，二者“互相依靠，融合渗透”，达到“口味丰富，软嫩爽滑兼而有之”的境界。此菜“突出了顺德菜田园味浓、妙在家常的特色”。

陈志雄师傅获“顺德美食大赛金奖”的足金金牌

这道金牌菜的创制者是当时年仅30岁的“厨中少帅”陈志雄师傅。陈志雄师傅籍贯顺德。其父陈文澄曾在大良桥珠酒家从厨，20世纪中叶以凤城厨师身份被派到广州，经历了多年磨炼后，成为广东迎宾馆厨师长、国宴大师，曾为周恩来、叶剑英、尼克松、老布什等中外政要掌勺。陈志雄 16 岁入行，先在慈父严师指导下练就了扎实的烹调基本功，然后在香港名厨主理厨政的大酒店学做新派粤菜，年仅 26 岁就晋升特级厨师。1996 年初，他受陈村金兰轩酒店的香港老板礼聘，出任该店中菜出品部行政总厨。这位创新能手到任不久，便引进了大批中西结合粤菜，大大丰富了陈村粉的烹法。

在美食大赛上，陈师傅别出心裁地创制了“原个南瓜蒸肉排”一菜：先横切出南瓜的顶部，雕花作盖，将余下的南瓜作底，挖出部分瓜肉切块放回后，蒸至八成熟，将已腌好味的精选肉排放入南瓜中，一起蒸熟，盖上南瓜盖子。成菜酷似一个金红透亮的精美年果盒！有诗为证：

南瓜妙手作蒸笼，软骨烹来冶味融。

看似金红年果盒，几多新意在其中！

故事还有一个动人的尾声。当时广州著名食府丰收山庄的老板听到“原个南瓜蒸肉排”获奖的消息，立即率领该店的大厨，驱车前往金兰轩试菜偷师，回去后“照板煮碗”（依法炮制），居然“一炮打响卖了个满堂红，每天竟能卖出 100 多个南瓜，有时甚至卖到断市”（见《美食导报》）。

陈志雄师傅近照

在2013“乐寻凤城招牌菜”评选中，一款靓汤魅力四射，紧紧吸引了一众评委的眼球和味蕾：汤色清澈，恍如棕色的普洱茶汤；汤味甘带鲜；蒜香浓郁，而绝无辛辣呛鼻的气味；品饮后五脏六腑滋润，让人有荡气回肠之感。于是，这道黑金蒜炖肉汁作为凤城招牌菜闪亮上榜了！

评委一致认定，这道靓汤有两大亮点：一是引现代新食材入馔，把味道、营养的精华浓缩于汤中。当时黑金蒜作为全新的食材，开始风靡东亚。它是优质生蒜经自然发酵而发生质变，它所含的大蒜蛋白质被分解为人体必需的氨基酸；其碳水化合物被分解为果糖。据日本检测报告显示，黑蒜中含有丰富的微量元素及营养成分，具有消除疲劳、增强体力、保护肝脏、促进睡眠的作用，被广大消费者所广泛认可。大良“味·空间”菜品开发带头人陈总和吕大厨慧眼识金，及时把这种“东方神蒜”引入汤中，使这款招牌菜成为吸引食客的新卖点。二是用以赋味增鲜的球形瘦肉似淮扬名菜狮子头，汤后蘸上酱油便可再度成菜，依旧味鲜可口而绝无“汤渣”的粗糙口感。

经过几年的精雕细琢，黑金蒜炖肉汁更一跃而跻身于“2017全民最爱顺德十大创新菜”之列。在2017“厨神驾到巅峰对决”总决赛之后的品鉴宴和粤港澳大湾区美食品鉴宴上，此汤也大出风头。有美食家品饮此汤后口占一绝，道出了他的吃后感：

喜呷金汤小一瓯，回肠荡气润心头。

东方黑蒜仙家物，尽纳精华入我喉。

黑金蒜炖肉汁

黑金蒜炖肉汁
（味·空间提供）

沙葛扣肉煲
（皇帝酒店提供）

北滘香芋扣肉

香芋扣肉是以广西荔浦芋头与猪五花肉相间相夹扣熟而成的名菜。此菜在清代嘉庆年间已在民间出现，20 世纪 30 年代初已广为流传，到 50 年代为餐馆引入，始登大雅之堂，逐渐成为名菜。

过去，在顺德的大小宴会上，几乎都少不了香芋扣肉这款名菜。一般地说，男席上设发菜圆蹄，女席上相应的菜式就是香芋扣肉。特别在中秋佳节，必制香芋扣肉，顺德人称之为“中秋叠肉”。在顺德，香芋扣肉以北滘所制最佳，故称北滘香芋扣肉。不过，与广州的白（猪）皮扣肉不同，顺德流行的是绉纱（猪）皮扣肉，因猪皮色红，体现喜庆色彩。有诗咏香芋扣肉：

喜庆中秋治馔忙，家家肉扣芋头王。

闻香应悔偷灵药，指动嫦娥独举觞。

北滘香芋扣肉所用香芋，是有“芋头之王”美誉的荔浦槟榔芋，它粉糯、香浓。荔浦芋与肥瘦相间的猪五花肉相夹烹制，滋味相得益彰，而且荤素结合，“肥”“瘦”互补，成为烹调中物料相配的一个典范，也是顺德美食“性情淡”的典型菜例。

烹制香芋扣肉有两个细节不容忽视：一是用沸水把五花肉滚过后，要趁热在猪皮上涂以老抽，使之上色；二是炸五花肉前要在猪皮上均匀地扎上针孔，方便猪皮内的动物胶部分排出，这样炸过的五花肉，皮内会出现众多蜂窝状小孔，烹好后外皮收缩而呈绉纱状，成品更炝滑好看。

香芋扣肉引申出一系列扣肉菜式，有葛扣肉、梅菜扣肉、凉瓜扣肉、子姜扣肉、藕扣肉、南瓜扣肉等。

陈村咕噜肉（果然居提供）

陈村咕噜肉

清代，陈村是广东四大镇之一，不但是珠三角的谷埠，而且还是重要的外贸口岸。当时，“疍户以巨艘驶出海洋，载货以售”，与外洋各地通商。船只的湾泊地点，也集中在陈村。歇后语云：“陈村码头——逢渡必啱。”由于外贸的日益发展，清政府于咸丰十年（1860 年）在陈村的吉洲沙设立海关。陈村新圩最旺时约有铺户四千，商旅鼎盛，茶楼、酒馆、紫洞艇、沙艇应有尽有。许多外国人到陈村经商，他们喜欢吃酸甜醒胃的糖醋排骨，但是又不习惯吃带骨的排骨，于是陈村厨师投其所好，把排骨改为五花肉，用原法烹制。此菜不必吐骨，嚼后可以“咕噜”地吞下去，因此人们就模拟此声，把它叫作“咕噜肉”。又有一说，因外国人喜欢夸赞此菜“good、good”，而当时的厨师听不懂外语，只会以“叽里咕噜”模仿其声，所以称此菜为“咕噜肉”。“陈村咕噜肉”的制法是将去皮五花肉切菱形件，加蛋液和湿生粉搅匀，蘸上干生粉；熟笋肉和青红椒切成菱形件。用中火烧热油，把五花肉件炸至呈金黄色，出锅沥去油。将蒜蓉、青红椒、糖醋放入镬中，下湿生粉勾芡，再放入炸过的五花肉和笋拌炒装盘。成菜香脆微辣，略带酸甜，可口醒胃，色泽金黄，被认定为陈村地方名菜。有诗为证：

古镇佳肴古怪名，皮酥肉软果香清。

洋人爱此酸甜味，叽里咕噜作好评。

“陈村咕噜肉”享誉国内外。在顺德名厨萧良初掌勺的上海锦江饭店，咕噜肉是该店名菜；在巴黎，顺德籍法国华人何福基曾用咕噜肉招待过法国前总统萨科齐。

2018 年初，澳门电视台《齐齐食通街》摄制组，在顺德容桂沙尾饭店拍摄了名菜马冈炒什锦。

马冈炒什锦又名马冈碎炒肉。成书于清光绪年间的“粤菜第一书”《美味求真》里已有“什锦肉”的记载。

自从大学者阮元在嘉庆、道光年间南来督粤后，广东木刻印书之风渐盛。本来“农力耕稼”的马冈人闻风而动，将雕版印书这一新兴产业按商业模式运作。而在这支庞大的刻板大军中，活跃着一群群乡村少女的身影。她们大多目不识丁，却凭着灵巧的双手，按线样描摹，精雕细刻，使马冈成为全国刻书中心地之一，正如咸丰《顺德县志》所记：“今马冈镂刻书板，几遍艺林，妇孺皆能为之。”

而旷日持久的乡间宴饮却延缓了刻书进度！野老相传，有一个以“食半饱”自虐的马冈财主承包了刻书作坊。他眼珠一转，想出了男女分席宴饮的妙计：让妇孺先吃“女席”，席上菜式相对简省，例如男席的凤巢三丝或炒鸡丝，女席上的相应菜式则是炒什锦，既省钱又省时，让少女们三扒两口吃完就去赶工。但掌勺的乡厨们不忍心看着女儿受盘剥，于是精心选料，倾情烹饪。尽管主料只有猪碎肉，但配料却有冬笋、圆椒、红萝卜、炸米粉，尤其必有又脆又香的炸葛丝，并定下规例，如无炸葛丝便算不及格！所以，炒什锦虽不算高贵菜品，但仍声名远播，连《粤菜溯源录》都记录下此菜一笔，在香港跑马地会所举行的顺德风味宴上也有此菜。

有诗咏马冈炒什锦：

屡挟甘香上喜筵，园蔬润泽肉丝鲜。

如今口味随风变，葛瘦尤堪惹爱怜。

马冈炒什锦

马冈炒什锦（容桂沙尾饭店提供）

龙江米沙肉

米沙肉是顺德一款传统名菜，以龙江镇所制的最著名，所以亦称龙江米沙肉。

米沙肉又称粉蒸肉。此菜堪称源远流长。早在500年前明武宗时期就是一味宫廷佳肴。宋诩的《宋氏养生部》已有记载，不过那时称为和糁蒸猪，只是将猪肉厚片用米沙、花椒、盐等拌和、蒸熟而已。到了清代，主料已是精选肥瘦相间的五花肉；米沙要用微火炒黄，拌入花椒粉，使大米的焦香与花椒的麻香融为一体，入笼蒸得烂熟。当时著名美食家袁枚在《随园食单》中称米沙肉“不但肉美，菜（指配料白菜）亦美，以不见水，故味独全。”清末，西湖十景之一“曲院风荷”的两家酒楼用鲜荷叶将米沙肉包裹蒸制，而成为清香不腻的名菜。

清代的龙山、龙江商贸发达。嘉庆年间的《龙山乡志》记载，两龙商人“或奔走燕齐，或往来吴越，或入楚蜀，或客黔滇。凡天下省郡市镇无不货殖其中”。商家和外出做官的人引进了荷叶米沙肉的制法，而识饮识食的两龙人对此菜的做法加以改进，使之更加适合本地食家的口味。主要是调味环节，首先是不用麻辣花椒，不用面酱，改用浓香的南乳和辛香的陈皮末；其次是蒸焓后用老抽调色，勾芡，成菜金黄悦目，肥而不腻。旧时此菜在蒲节宴（农历五月初五中午筵席）占一席之地。《顺德菜精选》和《味道·顺德》两书都把龙江米沙肉载入其中。有诗咏曰：

曲院风荷古馔香，龙山巨贾巧调良。

金沙点缀含油润，玉叶铺陈赋味长。

龙江米沙肉（龙江镇饮食协会提供）

猪脚姜醋蛋（阿嫲的猪脚姜提供）

猪脚姜

姜蛋煲来隔壁香，祛风活血护群芳。

今时七尺奇男子，吃醋犹如坐月娘。

猪脚（后蹄）煲姜是珠三角、港澳地区妇女的产后补品，据说起源于明初。《广东小吃》一书写道：“猪脚（手）姜醋蛋始创于广东顺德，已有几百年的历史。”《寻味佛山》中记载了这样一个故事：有一户以贩肉为生的人家，娶了个孝顺贤惠的媳妇。遗憾的是成婚多年，媳妇迟迟未有生养。在封建社会里，不孝有三，无后为大。家婆只好硬下心来逼儿子把她休了。媳妇伤心极了，住进山边的一间破屋里。这时她发现自己已怀有身孕，但她不让有喜的消息告诉家婆。丈夫每日探望时，碍于礼法，只好把一些卖剩的猪脚放在破屋前的一口大缸中，为了不让猪脚变质，他往缸内倒了陈醋，还放了些鸡蛋、生姜等，不断熬煮。时间一天天过去，孩子慢慢长大了，媳妇已原谅了家婆，便叫儿子捧上一大碗姜醋猪脚，上门回认奶奶（家婆）。奶奶悲喜交集，对孩子说："好酸（孙）好酸（孙）！"从此，每逢哪家孩子出生，主人都会熬一大煲猪脚姜分赠亲邻好友。正如清代《岭南风物记》所载，粤俗产男后，"用蔗糖兼醋煮姜片，请客及馈送亲戚邻里"。

现在，爱吃猪脚姜的男士也有不少，其中包括香港著名美食家蔡澜先生。他在文章中直言不讳："猪脚姜此味孕妇产后补养食品，我最爱吃，却常被朋友取笑。"猪脚姜还作为小吃甚至佳肴登上了穗港澳不少酒楼食肆的大雅之堂。大良有一家新潮食店推出了高档的猪脚姜炖花胶。其主打产品还堂而皇之摆上了"世界美食之都"——2017 顺德美食节展台上。

猪脚姜醋蛋的缺陷是在醋中的鸡蛋越煮越硬实，口感也越差。2019 黑珍珠一钻餐厅大良鱼膳坊运用浸温泉蛋的方法，让食客品尝到了猪脚姜中又嫩又滑的鸡蛋。

顺德乌醋猪脚姜（鱼膳坊提供）

巧手猪脚冻

香港“顺德才子”陈荆鸿先生在《蕴庐文萃》中，记载了灯谜“亚圣”、词坛老手黎国廉创制精品私家菜猪脚冻的故事。

黎国廉是顺德杏坛昌教人，父亲黎兆棠（详见《军机大鸭》）曾任晚清光禄寺卿（专掌皇室祭祀所用食物的三品官）。黎国廉虽萧散出尘，情怀淡泊，但“精研饮食”“亦能烹饪”，家厨中常有名馔飨客。某年，在热不思食的盛夏，他老人家忽发奇想，创制出一道节省齿力的冷食来，名为“猪脚冻”。

做法是将猪蹄去骨取皮肉，用火熬半天，待到皮肉都融化了，呈胶质状态，另用鸡肉、火腿煎汤，拌到胶液里去，放进鲜笋细粒，然后将胶液注入铜盘上，待凝固后切成件，用器皿密封盛装着。汲取井泉，将整个器皿冷藏若干小时，然后进食。用的是“浮甘瓜于清泉，沉朱李于寒水”的传统制冷法。观之，只见成菜晶莹透澈，恍若果冻；尝之，得肉的鲜味，而全无渣滓塞牙；嗅之，肉香中透出蔬果的清香。此菜爽而不腻，清而不腴，鲜而不燥，确是隽品。

陈荆鸿先生尝到了黎国廉女儿亲制的猪脚冻后，评论说：“大概是季裴（国廉的号）翁将填词的精雕细琢的方法，运用到黎府食谱去罢。精研饮食，真不愧是凤城世家。”正是：

灯谜亚圣智商高，巧把豚蹄制雪糕。

敢取填词奇妙法，精研美食慰眉豪[1]？

顺德村宴

① 眉豪，语出北齐颜之推“眉豪不如耳豪”句，宋代吴曾在《能改斋漫录》中注说，此言人“有寿相”。这里指有寿相的老人。

杏汁炖白肺

杏汁炖白肺（日盛世濠提供）

“杏汁炖白肺”可谓粗料精制的工夫菜的典型。制作者把猪肺彻底灌洗六七次，除去血水和气泡，然后切件在白镬翻炒，以逼出残余血水。鉴于南北杏质地太硬实，不易出味，按合适的比例配搭好后打碎隔渣取汁，将杏汁与猪肺、火腿、鸡脚、陈皮等料放入炖盅内，把炖盅移入蒸柜炖约 5 小时才成菜。有诗为证：

万濯千冲白似霜，琉璃煨烂杏汤香。

应知此是工夫菜，用足心思品自良。

如今，几乎每家顺德炖汤店都有食味不俗、十分精致的南北杏炖白肺汤飨客。但要品尝到此中极品，似乎还得到香港顺德菜馆。

20 世纪 80 年代，香港厨师“状元”梁敬，从民国时陈村花酌馆与香港金陵酒家传承了烹制“捻手菜”的绝技，把家乡精制猪肺靓汤的技艺发扬光大，他做的“杏汁炖白肺”清润温醇，《香港味道》一书说其堪称“玉液琼浆”，香港美食家赞美此汤“色似雪，香味扑鼻”。此汤成了香港金牌餐馆陆羽茶室的镇店名菜。

2008 年 6 月 8 日晚，香港无线电视翡翠台《蔡澜叹名菜》节目播出了顺德籍香港十大名厨之一周中师傅烹制杏汁炖白肺的录像，可见此菜享有颇高的“江湖地位”，称之为经典粤菜也绝不为过。

《寻味顺德》则记录了顺德籍名厨何伟成精炖杏汁猪肺汤的实况，称这道靓汤“已成为香港人最熟悉熨帖的家常之味”。

红烧笋尾
（东城酒楼提供）

红烧笋尾

顺德有一款传统名菜——红烧笋尾，如果佛家弟子望文生义点食此菜，一定会连声自责："阿弥陀佛，罪过罪过。"

红烧笋尾，其实是红烧猪大肠头（猪直肠），创制者是20世纪40年代大良飞园店主冯宝湛（绰号"肥仔六"）。

肥仔六出身有钱人家，讲究饮食，平素喜爱动手制作捻手菜自娱。他为人风趣，爱标新立异。他曾用炒猪乸[1]肉待客，居然能一扫猪乸肉的韧性和臊味，可谓化腐朽为神奇。后来，肥仔六索性开店，实现了从食家到店主的转变。他重金聘来民国"御厨"彭煊（绰号"金眼煊"），推出了炒水鱼裙、炖水鱼、油泡鲜虾仁、瓦罉鸡、挂炉鸡等名菜，以精美菜品适应财主佬口味，使他位于华盖路的"飞园"，取代了30年代的"灿记"而红极一时。他还放下老板的架子，虚心向彭煊学习厨艺，从而完成了从食家到名厨的飞跃。

肥仔六善于出奇制胜，别出心裁，创制别具一格的菜式。他将不登大雅之堂的猪大肠头滚焓后，放入微沸的白卤水内浸烫入味，剖开，刮去脂肪，涂上脆皮浆，晾干，然后浸炸至呈红色而皮脆。此菜叫红烧笋尾，名素实荤，爽脆可口，被食客称为"假烧鹅"。红烧笋尾传到香港后，也成为名菜，被美食家陈梦因写入名著《食经》中。有诗咏红烧笋尾曰：

焦香爽脆假烧鹅，百吃犹甘嗜众多。

善信闻名如点食，连声念佛唤弥陀。

① 猪乸即母猪。

榄仁炒肚尖

榄仁炒肚尖的美味故事

盛宴初开上热荤，奇香诱得客争闻。

何须梦寄龙烹凤，玉蒂精尖品不群。

这首诗吟咏的是顺德小炒中的精品榄仁炒肚尖。

传统粤菜里的“前菜”，通常是两道热荤，比如菜软炒肫球，所选材料虽然是寻常的鸡胗、鸭胗，但刀工精细，炒出来呈球状；另一道是榄仁炒肚尖，一定要用猪肚（胃）最顶尖、最厚的部位。猪肚的精华在其蒂即贲门部，由一部分环行肌转变成内斜肌，最为厚实，越厚质地越爽。而猪肚蒂[①]的精华在于外层，切片称肚尖，起球称肚仁。油泡肚仁就是一款顺德名菜，而榄仁炒肚尖则是油泡肚仁的姐妹菜。过去热荤一上桌，厨师的功力去到哪里便一目了然。用粤菜宗师黄瑞大师的话来说，便是热荤就像两

① 肚蒂，顺德人称“胆顶[3]”。

榄仁炒肚尖（勒流聚福山庄提供）

只“灯笼”，如果够功力够靓，一上菜就可以将客人吸引，再挑剔的食客也会被镇住。

中华餐饮名店勒流聚福山庄的招牌菜榄仁炒肚尖堪称精品菜。据该店行政总厨吴添权师傅介绍，把大猪的新鲜肚蒂外层片成均匀的薄片（一个猪肚只能片出两三片！），无需腌制，用少许姜汁拌过，然后洗净，再拌味拉嫩油后与炸榄仁炒匀即成。成菜味鲜而质爽脆，而且有松化的口感。

无独有偶。陈村镇老字号黄但记也有招牌菜榄仁炒肚尖飨客。

鲍参翅燕 极品菜

蟹黄蟹肉燕窝羹
燕窝鹧鸪粥
肘子鸡炖金勾翅
水鱼炖翅
鲍鱼焗鸡
生炒鲜鲍片
……

5

蟹黄蟹肉燕窝羹

有人以为顺德菜妙在家常，不会有鲍参翅燕等高档菜。其实过去，顺德被称为“壮县”，历来是富裕人家聚居之地。这些大户人家宴客，席面上少不了鲍参翅燕等“大菜”，以显示主人体面。蟹黄蟹肉燕窝羹就是顺德传统宴客菜中常见的汤羹。例如，1946年12月28日勒流永乐大酒家开业宴客的菜单上，首菜就是此羹，并注明“燕窝用燕盏”。蟹黄蟹肉燕窝羹通常由技艺最精湛的主厨亲手制作。当年永乐大酒家店主“大金钟”为母办寿宴，碰巧该酒家主厨（曾在澳门国际酒店任大厨）罗二（人称“神圣二”）休假，店主连忙派人划艇接他返店掌勺，烹制这款贵价菜。那时制作要求很高，把螃蟹先蒸熟，将蟹肉、蟹黄分别剔出。要精选肉蟹的肉，以姜、葱、陈皮祛腥增香；还要把膏蟹的蟹黄撒在羹面上，然后勾蛋清芡。羹成后，盛以小盅，用小酒精炉温着，以防止凉了蟹肉有腥味。

蟹黄蟹肉燕窝羹用料高贵，搭配合理。“燕窝贵物”（见《随园食单》），位列“八珍”，质脆嫩，有特殊的咀嚼感，清雅柔润，常做羹汤。燕窝有化痰止咳功效，但这“至清之物”本身并无显味，所以用“鲜”“甘”“白”

均“至美之物”——蟹肉为之赋味增鲜，合乎“有味者使之出，无味者使之入”的烹饪原则。略添色如锦绣、形似珠玑、味比琼膏、质胜金粟的蟹黄，让汤羹更加甘美，且添宝贵之气，颇具吉祥喜庆色彩，适用于大型高档宴会。此菜被载入了《顺德菜精选》中。在第七届中国岭南美食文化节精品宴上，此羹被重新挖掘出来，展现在大家面前，以实现“名菜复兴，经典传承”的使命。正是：

嫩玉红脂伴至清，
易牙捻手做和羹。
寻回昔日豪门菜，
献与中华美食城。

顺德乐从罗浮宫意大利艺术家具年展——椅子塔

顺德北滘碧江金楼

燕窝鹧鸪粥

燕窝鹧鸪粥是顺德的一款历史名菜。它形似粥，名为粥，实为羹。相传清代顺德某大财主常吃补品，仆人每天半夜用一种铁片制成的三层小型炖灶——“五更鸡”预为炖下，翌日财主起床便得进食。一天，仆人因家事分心忘了预制炖品，情急智生，他将鹧鸪起肉剁烂，加入磨烂的参（读作“人参”的“参”）薯，推为糊状，作为鹧鸪粥奉上，却没想到这“急就章”因味鲜可口而赢得财主赞赏。后经厨师精心改进，加进燕窝，成为高级宴会酬宾名菜。20世纪20年代，燕窝鹧鸪粥流行于澳门。香港“新满汉华筵”也有燕窝鹧鸪粥，并美其名曰“玉液琼浆”。

中国最早述及烹食燕窝的韵文是清代诗人吴梅村的一首诗，其中颈联是“味入金齑美，巢营玉垒虚”。燕窝能“化痰止咳，补而能清”，是调理虚损劳瘵的“圣药”。而鹧鸪可“补中消痰”，而“味胜鸡雉”，用鹧鸪为无味的燕窝赋味，合乎“有味者使之出，无味者使之入”的原则。用参薯糊代替米粥水，给人滋润的感觉。可以说，燕窝鹧鸪粥原料搭配合理，是一款清鲜香滑、营养丰富的药膳羹汤。

有美食竹枝词咏燕窝鹧鸪粥：

壮县豪门重养生，珍禽白燕烩奇羹。

消痰润肺清鲜绝，盛宴酬宾显意诚。

肘子鸡炖金勾翅

肘子鸡炖金勾翅
（大良龙的酒楼提供）

桥珠旺气黯然收，食众齐趋十九楼。
软滑清鲜汤翅美，金牌闪闪映金勾。

话说在规模盛大的1998顺德美食大赛中，由龙仲滔先生承包管理的凤城酒楼以“肘子鸡炖金勾翅”一菜，荣获货真价实的金牌。这道菜选用上等金山勾翅，即黄净透明的墨西哥鱼翅（香港《食经》评其为“最好的鱼翅”），先发制好，再配以用火腿肘、老鸡熬制的顶上汤，慢火清炖至够火候（制法可参考《顺德菜烹调秘笈》）。此菜清香浓郁，软滑爽口，荣膺顺德金牌名菜称号，是改革开放以来顺德最早出现的高档珍品菜之一。

肘子鸡炖金勾翅的获奖，见证了改革开放初期顺德饮食业发展的历史。

史料显示，经过日寇侵华战争、国民党统治后期的物价飞涨、三年自然灾害和长期计划经济的困扰，即使是美食之乡的顺德，也难免一度陷入饮食业萎缩的境地。顺德餐饮从1984年才真正开始复苏。国营和集体开办的较大型饭店、酒家或扩大营业，或纷纷新张，先后有顺德饭店、桥珠酒家（扩建）、贸易旅游中心、凤城酒店（俗称“十九楼”）以及北滘的小蓬莱、碧江的明园酒家、容奇的南环酒店开业。经过十多年激烈的同行业竞争，老字号桥珠酒家等由于体制陈旧而陷于困境并最终结业，而凤城酒楼、清晖楚香楼等“新锐”由于营业观念新、管理灵活而活力十足，并适应城市化的趋势和一部分先富起来的人士的消费需求而及时推出了一批高档菜品。肘子鸡炖金勾翅与一品海参、秘制网鲍等珍品菜同时在大赛中获金奖，充分显示当时顺德菜已经重回粤菜烹饪的顶峰。

水鱼炖翅

翅针为帝鳖为臣，五味调和养分匀。

海陆厨珍精粹在，炼成甘露润心身。

这首顺德美食竹枝词咏唱的就是水鱼炖翅。

水鱼炖翅是顺德十大名厨之一、中国烹饪大师罗福南师傅于20世纪90年代创新的一款美味与营养兼容的高档菜。

高级海味鱼翅含蛋白质高达83.5%，但由于缺少色氨酸，因而是不完全蛋白质，食用后难以对人体发挥作用。况且，鱼翅虽经涨发后嫩脆好嚼，但本身并无显味。而水鱼（中华鳖）兼有鸡、鹿、羊、牛、猪等5种肉食的不同佳味，“染指”“食指大动”两个典故都由争尝水鱼美味而得，其魅力由此可知。更重要的是，水鱼含有人体不能合成的必需氨基酸（包括色氨酸），这是其他动物类食材所难以比拟的。

当时顺德市领导提出让餐饮界人士大力推广水鱼，替养鳖农户解决水鱼出路问题。有见及此，也是形势使然，罗师傅把鱼翅与“迷你水鱼”（只有巴掌那么大的水鱼，江南称“马蹄鳖”）同炖，让营养互补，滋味交融，遂制成一款高级滋补美食——水鱼炖翅。此菜充分体现了中国烹饪“以味为核心，以养为目的”的宗旨，是顺德水鱼菜肴的代表作之一。顺德籍香港食评家唯灵先生称此菜“不但是极精彩的美食，也是非常滋补的保健养生妙品”。此菜深受美食家欢迎，问世之初每日即可售出约100盅（每盅售价368元），在1997年首届凤城美食节上获得新派菜最高分，荣获金奖。

罗福南大师（水鱼炖翅的创制者，顺德厨师协会提供）

鲍鱼焗鸡

2006 年，在中央电视台“满汉全席”全国电视烹饪大赛厨师之乡顺德专场擂台赛上，中国烹饪名师谭永强师傅以鲍包焗鸡一菜惊艳全场，征服了评委，并最终成为“擂主”（俗称“顺德厨王”）。

鲍鱼焗鸡的问世，经历过一番思索和争议。一直以来，勒流东海海鲜酒家以经营顺德乡土风味菜著称。但随着群众生活水平的提高，品尝高档菜肴已经成为先富起来的商家的诉求。作为店主兼总厨的谭师傅当然深知食界潮流的走向，也深知峻鲜的鲍汁在新派粤菜调味中居功至伟。他作为民国时勒流永乐大酒家名厨罗二的徒孙，自然深知烹制鲍参翅肚的此中三昧，他想，何不让货真价实的鲍鱼与“鸡中皇后”——清远麻鸡结成神仙之侣呢？经过深思熟虑和多次试验，创新菜鲍鱼焗鸡以每款 1999 元的高价，一经面世，就紧紧地吸引了高端食客的眼球和味蕾，但也招来了

顺德乐从罗浮宫新进口馆星座广场

一些非议，有人把它讥讽为“千金小姐（喻鲍鱼）做妹仔（丫坏，喻鸡）”。而《顺德原生美食》的作者则援引“中国烹饪的圣经”——《随园食单》为此菜辩护，一时间食坛议论纷纷，煞是热闹。

菜品的优劣最终由食客、由市场裁定。鲍鱼焗鸡经受了市场的考验，正如《勒流：中华美食名镇》一书这样评价鲍鱼焗鸡：“高贵的日本吉品鲍与鲜嫩清远麻鸡‘强强联合’，组成绝配，味道浓郁，色泽美观晶莹，卖相优美，为新潮高档顺德菜提供了一个绝妙的标本和典型的范例。”

鲍鱼焗鸡被评为 2007 顺德金奖菜。有诗赞道：

高贵鲍鱼配凤凰，玉盘仙侣喷浓香。

厨乡擂上金牌菜，屡为南烹溢彩光。

鲍鱼焗鸡的美味故事

翡翠鲜鲍片（顺德梁路明烹制，名厨龙悦饮食有限公司提供）

《沧海扬帆——乐从华人华侨历史》记载，乐从人陈小倩于1990年放弃了在一家名企稳定的工作，带上一把菜刀闯南非，与丈夫一起开创了昇辉酒家，在25年中经历了5次搬迁，5次从头再来，凭着惊人的韧性，凭着顺德厨师善于创新的智慧和精湛的厨艺，终于使酒家在约翰内斯堡高档社区站稳了脚跟，并让顺德菜香飘南非。

陈小倩他们意外地发现，南非盛产鲍鱼，而当地土著却不吃鲍鱼，因而鲍鱼很便宜，每千克只卖35兰特（折合人民币28元）。她想，何不就地取材，开发鲍鱼菜式呢？于是，就精心研究起南非鲍的烹制方法来。陈小倩觉得，传统的鲍鱼煲没有特色，几经摸索试验，首创了翡翠鲜鲍片。这道菜甫一推出，即大受南非华人的追捧，昇辉的名声很快就打响了。南非的中资企业宴会招待，中国旅行团到南非旅游，都喜欢到昇辉酒家品尝包括翡翠鲜鲍片在内的中国菜。美食无国界，在西餐盛行的南非，经过昇辉等中餐馆的大力弘扬，以鲜、香、爽、嫩、滑为特色的顺德菜受到了越来越多白人、黑人顾客的喜爱。

翡翠鲜鲍片
（容桂餐饮协会提供）

有诗咏翡翠鲜鲍片：

扬帆万里赴南非，小炒神功未敢违。

巧手生烹鲜九孔[1]，香飘异域耀昇辉。

无独有偶。顺德十大名厨之一的李灿华师傅在家乡也创制了一道用鲜鲍为主料的名菜：桂洲大头菜炒鲜鲍丝。笔者戏赠一名曰“鸳鸯鲍鱼”，盖因桂洲大头菜享有“顺德鲍鱼”的美誉。

---

① 九孔，鲍鱼的异称。鲍鱼壳的左侧边缘有一列开口为呼吸孔，故鲍鱼又称为“九孔螺”。

蔬果佳馔 醉宾客

顺德小炒皇
雪衣上素
一品冬瓜盅
蒜子双蛋苋菜汤
火腿酿银芽
煎酿三宝
咸鱼头芋仔豆芽汤
……

6

顺德小炒皇的美味故事

顺德小炒皇

小炒是顺德厨师的绝技之一，起源于20世纪初。据《粤厨宝典》记载，在炒法还未传至广东前，在成为重要通商口岸之后，广州的饮食形态已经发生了很大的变化，食肆为了迎合商人（当时称“买办”）的快节奏，都将菜肴预先做好，保温，只等商人光顾即飨客，这样的菜肴并不比自家的菜来得新鲜可口。就在这时，小炒在顺德诞生了。“南国丝都”“广东银行”——顺德的缫丝厂主、银号老板一跃而成为广东新生产力的杰出代表。他们讲求效率，急需了解资讯和行情，经常出席社会交际和业务洽谈，经常参加宴饮活动。为了适应“顺商”办事快节奏和吃食求鲜、求香的需求，顺德厨师创造出即炒即卖（当时称“炒卖”）的经营方式，并研制出灵活快捷、因料制宜的顺德小炒。镬气足是顺德小炒的一大亮点和特色。适时而做、顺势而为则是其另一大优点。这充分体现在顺德小炒皇上。

顺德餐馆几乎都必有一道拿手小炒菜式，称“小炒皇（或王）”。它既未经评判封赠称号，也无固定配方，全凭厨师心经，根据时令和手头食材选定，原则是荤素结合，鲜活是首要条件，其次是猛火急攻，火候恰到好处，表现出适应环境、顺其自然的生活智慧，也体现了顺德小炒灵活快捷的特点，成菜洋溢着浓浓的水乡味、田园味、自然味、家常味和镬气。例如顺德炒三秀（即莲藕、马蹄、鲜菱炒肉片）就是一款小炒皇，用“水中三秀”同时入馔，清香鲜爽。有诗吟咏顺德小炒皇：

时蔬嫩肉配成双，猛火鲜烹镬气香。

信手拈来皆妙谛，无需加冕可称皇。

顺德有一款被称为“斋王”的素菜，它就是把“三菇六耳九笋一笙”扣熟的“正宗罗汉斋”。然而在生活节奏加快的当代，耗费大量时间烹制“斋王”，显然不合时宜。时代呼唤新式素馔佳品！雪衣上素应运而生。

这是仙泉酒店参加1998顺德美食大赛的参赛作品。所用材料是鸡蛋清、韭黄、假蟹黄、金针菇、冬菇丝、笋丝、甘笋（红萝卜）、西蓝花。先将鸡蛋清煎成薄片，再将金针菇等丝状素料用沸水焯过，倒出晾干水分后倾入镬中，调味炒匀。接着用煎好的蛋皮包成石榴果状，用韭黄扎口，放上假蟹黄点缀，放入蒸柜蒸熟。再勾百花芡浇面即成。由于内馅采用爽口的材料，外面蛋皮色泽清雅，成菜显得特别精致，口感爽滑，被大赛评为十大金牌菜之一。此菜还被新世界酒店用来招待过前国家主席江泽民同志。有诗咏雪衣上素：

斋王绝世却难烹，上素何须负盛名。

箸下金罂[①]中我意，雪衣柔裹玉丝清。

“雪衣上素”是顺德十大名厨之一冯永波师傅创制的名菜。有位食客曾向他建议：加上烧汁让色彩更丰富，口感更浓烈。冯师傅接受了这一建议，在雪衣上素的基础上加以改进，以咸蛋黄、金沙瓜等做成金黄色的芡汁，铺在雪衣上素之上，再加蟹籽和青菜做装饰，做成金沙素艳。

雪衣上素

雪衣上素（东城酒楼提供）

① 《花镜》云：石榴“一名金罂”。

一品冬瓜盅

据考，顺德名菜一品冬瓜盅是由清宫御膳西瓜盅演变而来。西瓜盅随朝官外放而流传各地，在广东就改用冬瓜做炖盅。

冬瓜盅是粤菜中的“鸿篇巨制”。它用带皮的半个冬瓜为盛器，用上汤珍料（鸡肫粒、田鸡片、腌虾仁、煨海参粒、蟹肉、鲜笋粒、鲜莲子、煨冬菇粒、火腿蓉等）纳入冬瓜盅内同炖，不但内料、汤水美妙，连渗透鲜味的冬瓜肉都可畅啖无余，确系“内馔外瓜，皆美味也”（引自清·顾仲《养小录》）。冬瓜盅的特点是汤极清，味鲜美，达到“玉液琼盅”的艺术境界，且极具消暑功效，所以冬瓜盅被美称为“仲夏夜之梦”（见欧阳应霁《香港味道》）。

顺德陈村、北滘盛产冬瓜，这种名品“个体大肉质爽甜”（《顺德县志》），所以冬瓜盅成为陈村名菜。冬瓜盅就名称而言，什么“什锦”“八珍”“四宝”“三鲜”等，不一而足。一品冬瓜盅是顺德一款历史名菜。“一品”，原为中国封建社会的最高官阶，以“一品”命名冬瓜盅，形容其高档名贵。顺德厨师精于烹饪冬瓜盅，顺德名厨萧良初的鲜莲冬瓜盅成了上海锦江饭店名菜的代表，被载入《中国烹饪百科全书》里。顺德籍原北园酒家名厨陈志强的玉液琼盅荣获第二届全国烹饪大赛金奖。最有趣的是，顺德籍粤菜大师林壤明背了两个青皮冬瓜，穿越亚欧大陆上空，在卢森堡“世界杯”国际烹饪大赛中，以雕刻冬瓜盅夺得金奖。有诗为证：

炖得琼盅透壁香，羹涵八宝润衷肠。

青皮绽处熊猫现，鬼斧神工韵味长。

海皇佛跳冬瓜盅
（容桂味可道美食坊提供）

蒜子双蛋苋菜汤

苋菜滋味清淡，在古代作为不以权谋私的清官的象征。其嫩尖更是柔软滑润，极受清代美食家袁枚的青睐。民国《龙山乡志》有竹枝词赞美香滑的冈园苋菜：

冈园多傍紫峰西，菜圃瓜田极整齐。

最爱庙前新苋美，怪他索价倍豚鸡。

《顺德菜精选》中记载了鸡蓉苋菜和蟹蓉烩苋菜这两款历史名菜。而《顺德原生美食》和《顺德菜烹调秘笈》则录入了新潮名菜蒜子双蛋苋菜汤的制法。

蒜子双蛋苋菜汤来源于鸳鸯蛋苋菜汤。传说二世祖大良斗官有个家厨叫阿德，性嗜赌博。一次他输得精光，无钱买菜。无奈之下，突然急中生智，将蔗渣撕成条状油炸，称为“金簪堆成山”；将讨回来的鱼皮“飞”（烫）熟，加入多种丝状料拌匀，美其名曰“银龙穿花丛”；采来野菜马屎苋，加入旧存的皮蛋、咸蛋滚汤，名为“鸳鸯蛋苋菜汤”。

新派顺德厨师把鸳鸯蛋苋菜汤精细化，推出餐饮市场。将嫩苋菜尖、油炸独蒜子放入汤锅中，略煮至软熟，再放入咸蛋清，稍煮后捞入盘内。咸蛋黄放入汤锅中滚熟，捞出切成4瓣，放在盘中熟苋菜上；皮蛋去壳，上笼蒸熟后切成粒，围在盘中蛋黄四周。然后把上汤调味烧沸，轻轻注入盘内。以咸蛋和皮蛋为苋菜配味，体现出蔬菜充当主角的价值取向。此菜汤清味鲜，色泽明洁隽雅，口感滑润软糯，造型美观雅致，确是春令靓汤，还体现了园蔬胜珍馐的饮食新理念。

蒜子双蛋苋菜汤（容桂大快活酒楼提供）

火腿酿银芽

据耆老讲述，大良清晖园最后一位园主恩官（龙渚惠）是个美食家，他每天吃七顿，嗜吃烧鹅皮。火腿酿银芽是他心仪的菜式之一。

巧制这款精雕细琢捻手菜的厨师，是“凤城厨林三杰”之首区财，当时他是龙氏家厨。区财用金簪把金华火腿酿进小小的绿豆芽茎内，炒熟，垫以熟鸡丝、猪肉丝、冬菇丝，精致典雅，令人叫绝。有诗咏火腿酿银芽：

银簪引线绣藏龙，玉嫩金香巧缀缝。

凤舞三丝腾镬气，精肴细点贵家供。

香港美食家唯灵评价说，“匪夷所思”“为人津津乐道”。

顺德清晖园博物馆

酿芽菜之类菜式，在清代中叶后并非绝无仅有。《清稗类钞》载："镂豆芽菜使空，以鸡丝、火腿满塞之。嘉庆时最盛行。"据《碧江讲古》所记，"顺德碧江苏氏家族中翰第，能在一根豆芽里酿上三种肉末。而番禺沙湾何氏家族，也有鸡丝酿银芽一菜。再远一点，山东曲阜孔府菜中也有酿豆芽。

在生活节奏大大加快了的现代，火腿酿银芽因费时费工太多而显得过时。已故凤城名厨蔡锦槐、龙华曾对此菜加以改良，其法是把配料炒熟。把火腿放入冰箱冷藏至硬，切幼条。用大针在绿豆芽直刺一管状孔，将火腿幼条三分之二长度插入其中。将酿豆芽逐一平行排于虾胶薄条面上，间隔为1厘米，嵌入虾胶内，抹上蛋清，用刀将酿豆芽之间的虾胶切开，用小火慢油浸泡至熟，分伴配料旁，露出的火腿幼条朝外。

咸鱼头芋仔豆芽汤（凤厨职业技能培训学校提供）

咸鱼头芋仔豆芽汤

据清代罗天尺《五山志林》记载，顺德人梁宗典在清顺治十一年（1654年）考上了举人。喜讯传来，其母陈老夫人不仅面无悦色，反而拦住报喜的公差不让进屋，又不准儿子进入祠堂祭祖，还当众厉声责骂儿子，说考取清朝的功名是丢尽了祖先的脸！原来陈氏是明末“岭南三忠”之一反清烈士陈子壮的亲妹，梁若衡的遗孀，而儿子中举这一年，离丈夫和胞兄为南明殉国才不过7年。之前，陈、梁二位曾拥戴南明永历帝朱由榔（1623—1662）抗清，在小朝廷里担任军政要职。

夜幕降临，孤灯一盏。陈氏把梁宗典唤至跟前，细说前朝往事，教导儿子要像舅舅和父亲那样坚持民族气节，不应为个人荣华富贵而曲事异朝。说罢，意味深长地端上一碗咸鱼头芋仔豆芽汤让儿子把它“干”（一口气喝）掉，用咸鱼头含蓄表明无惧清廷淫威，用刮光了皮的小芋子和豆芽暗示不当薙发垂辫的满清顺民。

这件轶事一直在顺德民间传诵。无独有偶，我国民主革命先行者孙中山先生也爱喝咸鱼头汤。这恐怕不纯是个人口味这样简单，也许此中另有深意在。世易时移，咸鱼头芋仔豆芽汤，已成为顺德水乡田园风味菜，被载入《顺德菜精选》一书中，并衍生出水瓜蚬肉芋头煲等新派顺德菜。正是：

遗孀恪守先君志，贤母不教事二朝。

一道家常汤似水，几多深味却难调！

煎酿三宝

顺德菜是广东田园美食的杰出代表，许多菜品都具有浓浓的水乡味、田园味、自然味、怀旧味。

煎酿是顺德人擅长的烹调技法之一。煎酿的好处是：煎，让菜肴有甘香酥脆感；酿，加入营养，增添鲜美味。在第22届广州（国际）美食节上，有厨师将顺德传统的煎酿菜式荟萃而成顺德煎酿拼盘。此菜因口味丰富又风味十足，被大会评为“美食节代表佳肴”。

顺德传统煎酿佳肴除酿鲮鱼外，比较著名的还有煎酿三宝，就是极富田园味的煎酿凉瓜、茄子、尖椒。与酿鲮鱼相比，其荤素结合、妙在家常的特色尤为明显。煎酿三宝本是顺德民间端午节（又称“诗人节”）的节庆家常菜，后来被酒楼食肆推向了市场，酿馅由鱼肉胶升格为较高档的虾胶。通常制法是把虾胶填入去瓤凉瓜段、“双飞”[①]茄子件和去籽开边尖椒中，煎至呈金黄色，注入上汤和加入调味料，加盖焖熟，装盘摆成“品”字形。此菜鲜香、清凉、爽滑、微辣，一菜三味，造型别致，脍炙人口。传至香港后，其芳名被移赠予一部香港电影，算是食坛与影坛的一段缘分。有诗咏煎酿三宝：

诗人节庆有佳肴，嵌玉镶金上上庖。

三宝共烹成一品，香鲜苦辣味融交。

值得注意的是，“三宝”之一的酿尖椒单称勒流酿尖椒，是主打顺德原生美食的番禺滋粥楼的一道招牌菜。它“只用三分之一的青椒，酿出来的鱼滑是扁平的，不像切成一半那样又厚又不透火”，咬下去感觉到的只是青椒的脆和鱼滑的爽。

① 双飞即双飞连片，就是在片状料中间横片一刀而不片断，以备把馅料塞进刀口处，让馅料藏得严密些。

石上鸣秋蝉（何盛良师傅制作）

荔熟蝉鸣

老一辈凤城名厨蔡锦槐（1898—1995年），大良金榜人，因兄弟排行他第六，以“蔡老六”闻名珠三角厨坛。凭着扎实的基本功、超常的烹饪悟性和缜密的心思，蔡师傅年纪轻轻便站稳了大良餐饮名店金龙酒家厨房的头镬，以后更是身怀绝技，只身孤胆闯荡省港澳。所到之处，食家指名道姓，要品尝蔡师傅亲制的佳肴，有人还喊出了“非蔡老六（烹制的菜）不吃”的呼声。蔡师傅当年春风得意，每逢休假，便乘坐华丽的轿子，从香港到深圳游玩，风头之劲，几乎可与明星相比。

蔡师傅以精制巧手艺术造型菜著称。他的拿手菜有酿夜香兰、葵花鸭、水鱼逐杏仁、碧绿穿黄喉等，“荔熟蝉鸣”是他艺术菜的代表作。

话说某年夏日，蔡师傅偷得浮生半日闲，踏着熹微的晨光，前往大良小松溪荔枝园，品尝清新的“雾水荔枝”。园内植有“妃子笑”“阿娘鞋”“落塘浮”“进奉”等珍稀名荔。此刻，眼前挂满佳果的荔枝林恍若片片红云，耳畔响起了悠扬悦耳的阵阵蝉鸣。蔡师傅大发雅兴，构思了一款造型艺术菜——荔熟蝉鸣：将酿满虾胶的鲜菇对半切开，做“蝉翼”；把火腿幼丝插入虾胶，做“蝉须”；将青豆仁嵌入，做“蝉眼”。然后把“蝉儿”蒸熟，勾芡，用鲜荔枝果肉伴边。此菜清甜鲜爽，形象生动，富于诗情画意。更难能可贵的是，早在六七十年前就已有如此的匠心和妙手！有诗赞曰：

振翅撩须转瞬闲，长鸣似为悦红颜。

明知箸下非仙果，也觉天香绕齿间。

在第12届亚洲名厨精英荟上，顺德名厨何盛良以意境菜“石上鸣秋蝉”拿下了热荤蔬菜类银奖，这是对顺德艺术菜的传承和弘扬。

柚皮常是被弃之物，然而经过顺德人“又烧又刮又吸又挤又洗又压，然后再用上汤煨，用浓芡配”，“废物”柚皮获得“脱胎换骨的新生”（香港美食家欧阳应霁语）。

过去，顺德人“做酒”，几乎都有一味柚皮菜。此菜例以融化、够膏油为风味特点。穷人吃鱼汤（咸鱼水）柚皮，富人则吃柚皮鸭、柚皮火腩炆大鳝、柚皮炆鳝王、礼云子扒柚皮等。处理得好，吸味性强如海绵的柚皮入口绵软松化，回味无穷，往往“喧宾夺主”，比主料更具吸引力。

顺德名厨还巧手创制出一系列脍炙人口的柚皮名菜，例如铜盘柚皮烤鳗鱼、泰汁柚皮大虾、凤眼柚皮等。至于新潮名菜鲍汁柚皮，更是色、香、味、形俱佳的神品。

据顺德十大名厨之首罗福南大师介绍，此菜又名“鲍鱼柚皮”，实际并没有鲍鱼，只是把柚皮焗好，淋上鲍汁，模拟鲍鱼。此菜制作十分讲究：在三四月间选取嫩柚皮，先用“金鸡瓦”（瓷器碎片）刮去皮青（避免用刀削染上铁锈味），然后浸水，用离心机抛水后油炸至金红色。行内有“柚皮靠焗”的秘诀。接下来把柚皮焗至松化，关火后继续焗至入味。

2009 年 8 月 21 日，在皆大欢喜园林食府，第四届顺德岭南美食节聘请顾问的仪式上，一众顾问品尝了鲍汁柚皮后赞不绝口，说柚皮经鲍汁慢火煨焗变得软滑而不腻烂，入口还有嚼头，已经超乎一般口感要求，不仅比平民版用鲮鱼或猪肉提味高出许多，而且比上汤虾籽煨都要鲜美、高贵。正是：

烈火焚衣吐涩浆，又凭甘露沐清凉。

脱胎换骨成珍品，全赖鲍鱼赋味长。

鲍汁柚皮

美味鲍汁柚皮（果然居提供）

田基美食最清新

7

大内田鸡
绿豆扣田鸡
玉簪田鸡腿
椒盐反骨蛇
菜远炒水蛇片
勒流水蛇羹
盐焗海豹蛇碌
……

大内田鸡

20世纪30年代，大良饮食业最红火的无疑是灿记酒家。该店老板兼总厨姓陈名灿，绰号“雷公灿”。他见华盖路“绵和”经营田鸡系列菜颇受欢迎，于是仿效，岂料东施效颦，开店未及半年，就因生意清淡而只好暂停营业。

为了给经营理念“充电”，陈灿到广州考察饮食业。一天晚上，他发现长堤一个卖艇仔粥的摊档挤满了人吃粥。他连忙上前看个究竟，但闻粥香扑鼻，于是也

顺德清晖园

买了一碗粥，细尝之下，嗅出夹在米香和肉香之中，有大地鱼的鲜香！原来广府人把舌鳎、牙鲆等称为“大地鱼”，文艺书称为“比目鱼”。大地鱼是粤菜熬汤提鲜的至宝，尤其是熬面汤，未入面店先闻其香。除了熬汤，大地鱼还用来做馅提鲜。陈灿福至心灵：我何不把大地鱼用作菜肴的增香赋鲜剂呢？他赶回大良，先把大地鱼慢火焙研成粉末，作为“神仙粉”赋予菜肴以香魂。

陈灿很快就创制出两道招牌菜：大地田鸡与大地鸡球。为了提高菜肴的知名度，陈灿把菜名中的“大地”改为近音的“大内（意为宫廷）”。大内田鸡等菜一推出，即深受食客欢迎。有人用对偶句称赞说：“乡间田中鸣蛤蝈，大内宴上食田鸡。”大内菜很快就成了“灿记”的镇店之宝。有美食竹枝词单咏大内田鸡：

高厨炒手确超群，比目浓香赋馔魂。

巧借威名招食客，常肴精制奉金樽。

据前辈回忆，当时请酒者均认定“灿记”的筵席才够排场，时任顺德副县长的罗邦翊等赴宴前先打听是否灿记酒家，如否，则恕不赴宴。鼎盛时的“灿记”贵客如云，座无虚席，得一时之盛。

大内田鸡后传至香港。大中国酒家晚饭新菜就有大内（误作“奈”）田鸡一菜（见《香江知味：香港的早期饮食场所》）。

绿豆扣田鸡

绿豆扣田鸡的美味故事

翠珠衣脱吐清香，配得琼蛙味性凉。

玉露祛除胸内热，只留甘美在肝肠。

此诗咏唱的是顺德传统夏日佳肴绿豆扣田鸡。

绿豆美称吉祥豆。祖国医学认为，绿豆有清热解毒、消暑止渴、利水祛湿等功效，明代大药物学家李时珍盛赞绿豆是“济世良谷”“食中要物”“菜中佳品”。而田鸡因生于田中，肉味如鸡而得名，被南朝医家陶弘景赞为“食之至美”。中医认为田鸡可解烦热，治热结肿毒。因此，绿豆配田鸡入馔，堪称消暑除热的绝妙搭配。

绿豆扣田鸡是在家常菜绿豆煲田鸡(美称“老蛤藏岩”)的基础上优化而成。将田鸡宰净斩件后焯水。绿豆用陈村枧水腌渍，放入滚水略泡，去壳。在镬中注入上汤，加入绿豆、湿冬菇、陈皮末、姜片，滚后放入汤窝盘内，入笼屉用慢火炖烩，倒出原汤留用。把田鸡件调味，排放入扣碗肉，中心放大冬菇一只，由内而外，先排田鸡腿，再排上胛，后排冬菇，排成几个同心圆，而绿豆放于面上。入笼屉用猛火扣熟，取出，将碗内熟食翻扣入汤窝盘里。烧滚原汤，倾入汤窝盘内。此菜味鲜滑嫩，清甜味美，有清热解毒的功效，成菜拼摆细致，造型美观。1989年，顺德中旅社饮食部罗福南师傅在佛山市第二届美食节中，以绿豆扣田鸡一菜获金奖。如果配料中加入银杏，裹以一层猪网油扣烩，就是银杏绿豆扣田鸡。

顺德籍粤菜国宴大师陈文澄更推出了豪华精装版——香网绿豆扣田鸡腿。

绿豆扣田鸡的不断演进，体现了顺德人对美食精益求精的不懈追求。

绿豆扣田鸡（容桂大快活酒楼提供）

玉簪田鸡腿
（日盛世濠提供）

玉簪田鸡腿

参差翠白满盘鲜，嫩笋金华酿玉蟾。

壮县豪门精品菜，香飘穗港沪琼筵。

这首美食竹枝词咏唱的是顺德历史名菜玉簪田鸡腿。

话说清代，顺德已是物华天宝的岭南“壮县”，出了一众豪门大族。例如龙山温氏，一门就有十多人考取进士，五人被点翰林，两人被拜帝师。嘉庆皇帝的老师温汝适官居一品，任兵部右侍郎，其亲母任太夫人，被册封一品诰命夫人。而这位任老夫人却是婢女出身，深知民间疾苦。一次在街上，她髻上金簪被抢，见侍从穷追小贼，任老夫人称被抢的是一根“骨簪”，想息事宁人。见小贼被擒后跪地求饶，任老夫人不仅把他释放，还赠以金簪。乡人因此尊称这位善良的任老夫人为“骨簪二太”。温府家厨敬仰“骨簪二太”怜恤穷人的美德，念及她年老齿疏，遂创制了一道精细的手工菜——玉簪田鸡腿供她食用。把田鸡（青蛙）腿褪出上节柱骨，把葱白段（有人用竹笋条）、红萝卜条、熟火腿丝各一，插入田鸡腿内的空管里，拉油后与料头同炒至熟，翻扣在熟菜远垫底的碟上。这道菜的造型形似碧玉发簪穿过发髻，象形而又富于韵味，是一款高品位的筵席菜。

鸦片战争后，玉簪田鸡腿传至广州和香港，还以“玉种蓝田”的美称登上了香港满汉全筵。香港凤城酒家始终不渝地把玉簪田鸡腿精制奉客，作为“保留节目”之一。玉簪田鸡腿再经香港传至改革开放后的上海，演变成一道港式沪菜——金腿穿玉蟾。

西汉刘安《淮南子》中就有“越人得髯蛇以为上肴”的记载。民国《龙山乡志》引《岭南杂记》关于岭南人“喜食蛇”之句后写道：“吾乡尤甚。”

但是，岭南吃蛇的风俗虽越千年，但烹蛇之术却长期不思进取，从宋代朱彧《萍洲可谈》中即有“广南食蛇，市中鬻蛇羹”的记载，到20世纪80年代上半叶，吃蛇羹几乎丝毫未变，费工费时太多之弊未有革除。

幸好，一向敢为天下先的顺德厨师勇立改革潮头，他们中的勇者挟技杀到了改革开放的前沿阵地——深圳，开设了顺德蛇城、顺德公食馆等多家著名蛇餐馆，推出了剥皮拆骨全蛇宴等盛筵，引领经济特区烹蛇的新潮流。当时，顺德罗汉伟等4位烹蛇高手被同行尊为“四条汉子”，他们创制了“椒盐水律蛇”“无刺（只有一条脊骨）榕蛇”等全新菜式，令广大食家口味一新。据说罗汉伟师傅更是“一蛇多制”的始创者，被尊为“蛇王”。

蛇碌（段）的椒盐制法，多了几分香味，吃时慢慢撕下蛇肉，慢慢品尝，然而要双手（俗称“五爪金龙”）又拉又扯，食相自是欠雅。有鉴于此，善于创新的顺德厨师想出妙法，把蛇碌的肋骨起去，只留脊骨，并在脊骨两旁各划一刀，腌味后“椒盐”。经高温油炸约40秒，蛇肉自然向外翻开叠合，吃起来几乎“啖啖到肉”，蛇件外脆内嫩，骨香肉滑。由于蛇身反起，食家称它为“椒盐反骨蛇”。此菜最适合讲求食相斯文的朋友享用。有诗为证：

烈焰烹油论秒分，甘香小辣诱人闻。

更奇蛇段无横骨，五爪金龙卧入云。

椒盐反骨蛇

（南国园林山庄提供）

椒盐反骨蛇

菜远炒水蛇片

白锷翻飞雪片寒，蓝光吐艳爆犹欢。

携香驾雾歌吟去，爽嫩银龙跃上盘。

这首美食竹枝词描写的是割烹菜远炒水蛇片时的热闹场景。此菜的得意之处是起水蛇片只用8次刀起刀落（每侧4刀），然后旺火急炒几下，成菜送到餐桌，前后只花3分钟，而本来只有九分熟的水蛇片在上桌途中靠内热达至恰熟的境界，此时鲜嫩的水蛇肉似乎还在律动，而镬气撩人食欲，充分体现了顺德小炒“急火猛攻，仅熟为佳”的技法特点，被公认是顺德小炒的范例，而菜远的清甜正好衬托出水蛇片的鲜嫩，二者共冶一炉，取得相得益彰的完美效果。

炒水蛇片是勒流一款传统水乡风味菜。早在20世纪四五十年代，勒流永乐大酒家名厨罗二已擅长精制炒水蛇丁。他的徒弟鼎力饭店大厨张远更把水蛇片炒得出神入化，曾用这道菜招待过广东省委主要领导人。现年90多岁的粤点泰斗陈勋，在事隔几十年后还回味说：“我最欣赏张远的炒水蛇片，鲜甜爽滑。”而张远的传人顺德厨王谭永强将传统制法发扬光大。在1998顺德美食大赛上，菜远炒水蛇片荣获十大金牌名菜美誉，且名列榜首。此菜还是第四届全国烹饪大赛团体金奖菜获奖菜之一。2015年还入选全民最爱十大顺德菜。菜远炒水蛇片还名列勒流四大名菜，此菜的制法已制定了制作标准。

菜远炒水蛇片的美味故事

更可喜的是，在2017年底举行的首届勒流街道“金镬铲”厨艺争霸赛中，获奖者中有8人（其中一人获两项奖）都选择菜远炒水蛇片做自选菜，这表明，这道名菜就像“旧时王谢堂前燕”，已经“飞入寻常百姓家”。

菜远炒水蛇片（东城酒楼提供）

勒流水蛇羹

菊花水蛇羹是勒流四大名菜之一，已制定了制作标准。

勒流人对水蛇羹情有独钟，精心制作。黄连烧鹅的创始人谭德英（绰号“烧鹅英”）是一位食不厌精的乡间美食家，为了尝一口清香鲜美的水蛇羹，他不惜每天爬上屋顶，给白菊花浇水，以便入秋后采摘初开的花瓣佐羹；如果没有胡椒粒研碎撒上羹面增香，他决不烩制水蛇羹。他的儿子顺德厨王谭永强承传了正宗水蛇羹的制法，在摄制《寻味顺德》时曾向中外广大观众做了精彩的演绎。

据说以前勒流水蛇羹料多汁浓，用瓦罉盛载上桌，吃时以汤带渣，用姜葱夹着当菜吃，价格昂贵。后来改为清甜可口的大众化汤羹。

勒流水蛇羹精选水蛇，去皮烫熟拆肉，配以鸡肉丝、冬菇丝等同煲，汤味醇厚，清香滋润。蛇皮、蛇肉与蛇骨入羹的先后和烹煮时间都有严格控制。熬汤过程加入猪脷（舌），以最大程度发挥水蛇的鲜味。蛇骨的精华几乎完全溶于羹内。待蛇汤煮至散发出浓郁的蛇香，将冬菇丝、陈皮丝等佐料与数瓣菊花下入汇合，靓汤羹遂告制成。稍搁，汤面凝如双皮奶。香港美食家唯灵先生赞勒流水蛇羹“不单啖啖肉，汤水更是鲜甜。”澳门特别行政区首任行政长官何厚铧先生曾多次驱车绕道勒流，为的是吃上一碗菊花水蛇羹，有一回吃到动情处，还挥笔题词大加赞美。正是：

凤配龙丝寿客[1]香，清甜滑润养颜良。

此羹应只厨乡有，特首飙车为一尝。

① 寿客是菊花的雅称。

顺德陈村花卉世界（顺德文化广电旅游体育局提供）

盐焗海豹蛇碌
（北滘果然居提供）

盐焗海豹蛇碌

入海擒龙斩玉身，盐烧味透染香匀。

果然居首金牌菜，嫩滑丰腴席上珍。

这首美食竹枝词咏的是名店果然居的招牌菜盐焗海豹蛇碌。

2006 年金秋十月，第十六届中国厨师节在“中国厨师之乡”——顺德举办。开业未足一年的南国园林山庄董事长冯振钊先生满腔热情，要为迎接中国厨师“回乡”过节贡献厚礼，除了用 18 万元冠名“亚洲第一煲”（详见《粉葛赤小豆鲮鱼汤》）外，还要创新名菜为厨师节增添光彩。他于 1986 年入行做饮食，先后在清晖食品厂、凌波仙舫从厨，曾创办过多家餐饮店，2005 年荣获法国蓝带美食会会员资格。冯先生深知粤人自古有爱吃蛇的习惯，改革开放以来蛇馔已呈百味纷呈的局面，怎样才能给食客带来全新的味觉享受呢？这位勇于打破传统、锐意创新的餐饮企业家，从椒盐蛇碌和东江盐焗鸡得到启发，“能不能用盐焗的技法烹制蛇肴呢？”一道灵光掠过他的脑海。他与大厨们反复试验，终于创出了一款新菜——盐焗水律蛇碌：把肥美的水律蛇斩成段（碌），先用盐焗水浸过，然后拉油至蛇肉松身，下锅，加盐焗粉、花雕酒、青花椒、沙姜等调料，拌匀，接着隔着铝箔，放到炒至灼热的粗海盐粒上，焗至成熟入味，原煲上桌，撒上炒香的白芝麻。

只见白白的大粗盐粒垫底，带皮的蛇碌整齐摆放，黑白组合中很有观感。蛇肉丰腴肥美，鲜香有汁，可以用筷子夹着吃。盐焗改变了蛇肉略带粗韧的质地，使这款蛇馔一变而为肥美的佳肴，令许多食客大喜过望！这道菜被中国饭店协会授予2006中国金牌粤菜的称号。其后，盐焗水律蛇碌升格为盐焗海豹蛇碌，成为冯先生果然居的首本名菜。

家乡炒蚕蛹

李时珍《本草纲目》云："蚕而茧，茧而蛹，蛹而蛾，蛾而卵。"蚕蛹是蚕吐丝结茧以后变成的蛹，形状略似花生米，红褐色的外壳包着浓稠的淡黄色乳状体。蚕蛹被称为"蛋白之王"，民间有"七个蚕蛹一个鸡蛋"的说法。李时珍认为蚕蛹"炒食，治风及劳瘦"。过去顺德蚕农多兼植桑、养鱼，湿气极重而绝少受风湿麻痹关节疼痛困扰，香港食疗专家钟庸先生认为这有赖常吃蚕蛹之功。正如乡谚所说，"家里有蚕蛹，周（全）年无伤风"，即无"风"所"伤"的病症。

过去缫丝女工把蚕茧放入滚沸的大锅水中将丝抽出后，捞出蚕蛹即可鲜吃，或者把蚕蛹用炭火略烘，作口果吃，叫作"蚕虫干"，嚼来有滋有味，油香四溢。夏日，将油爆蚕蛹就着三滚米沙粥吃，别有风味。乡谚说："蚕蛹送白粥，神仙亦满足。"炒蚕蛹（雅称"炒丝绸肉"）更洋溢着顺德农家风味。青瓜韭菜炒

蚕蛹、菜甫炒蚕蛹均为顺德风味菜式，妙在以素菜吸收炒蚕蛹的肥腻，而变得清鲜可口。据传，顺德家常小菜菜脯炒蚕蛹曾令清代广州豪门之首潘仕诚吃得一个劲竖起大拇指。最精致的蚕蛹美食当推大良龙的酒楼的象形点心——桑基蚕茧香，用蚕蛹、大头菜、糯米等料巧制而成，造型栩栩如生，荣获第五届中国烹饪世界大赛面点金奖。

由蚕蛹蜕化而成的蚕蛾也可作美食。1962 年，蚕乡龙江镇特制的珍馐——椒盐蚕蛾公被用来招待前来视察的朱德元帅和中国科学院院长郭沫若。有诗为证：

蚕乡异物数神虫，扯翅掏肠入釜中。

更藉椒盐添馥郁，奇肴有幸奉元戎。

家乡炒蚕蛹的美味故事

特色炒蚕蛹（皇帝酒店提供）

蚕蛹炒蟹
（北滘果然居提供）

蚕蛹炒蟹

在2017世界美食之都——顺德美食节揭幕式上，“全民最爱十大顺德创新菜”揭晓了，蚕蛹炒蟹赫然榜上有名！

说起这道创新名菜的诞生，就要从2015年底谈起。那时大良南国渔村请来了黄和添师傅执掌厨政，意欲打开一个新局面。黄师傅上任不久，就推出了一系列“讲究搭配和功夫，更讲究美食文化传承”的菜式（该酒家董事长冯振钊先生语），例如柚皮黑蒜扣顶骨大鳝、无骨蛇碌焖无骨鹅掌、特色酿豆角炒腊鸭肠，还有融怀旧与创新于一炉的蚕蛹

炒蟹（又称“湿湿碎炒蟹”）。

对这道菜，黄师傅倾注了不知多少感情和心血！这位从明末状元黄士俊家乡——杏坛右滩走出的大厨，多年来一直念念不忘儿时父母种桑养蚕的农耕生活，而自己乘搭渡船到对岸左滩甘竹茧站交茧的亲身经历更让他难以忘怀。蚕蛹虽是基塘生产的副产品，似乎并不高贵，但却凝聚着顺德基塘文化的精华和寄托着他本人独特的情怀。于是，黄师傅把小巧的蚕蛹“信手拈来”，配以“螯封嫩玉双双满，壳凸红脂块块香”的螃蟹，加豆豉、大蒜炒至浓香，令此菜提升了格调和品位，“出得大场面”（能登大雅之堂）。专家、评委一致认为，这道菜“既有高档食材的风味和豪气，又有顺德桑基鱼塘的乡土韵味”。正因为广大顺德市民慧眼识珠，才把自己神圣的一票毫不吝惜地投给了蚕蛹炒蟹。正是：

种养生涯忆逝年，甘滩两岸一丝牵。

浓情炒出新名菜，玉蟹甘腴宝蛹鲜。

钵仔焗禾虫
（日盛世濠提供）

钵仔焗禾虫

禾虫是珠三角近海禾田区的一种水生动物，学名疣吻沙蚕。禾虫外貌奇丑，全身有 60 多个体节，体节两侧均有疣足，身上长刚毛，貌似会变色的蜈蚣。

传说吃禾虫第一人是南海（顺德系从南海分出）人陈万言。此人出身寒门，性情耿直，因得罪主人，被罚至僻远海边看禾田。由于饥饿，他只得捞禾虫试着烹而食之。他把禾虫放入瓦钵中，加入油盐和榄豉细粒，点燃干稻草，烤焗至闻到浓香飘荡。一尝，觉得味道不错，就不断"食过返寻味"。说也奇怪，陈万言吃禾虫后满脸红光，身体壮健结实。此事传扬四方，吃禾虫之风渐盛。这位陈老兄后来苦学成才，考上进士，官居参政之职。虽已身为贵人，但仍不改吃焗禾虫的癖好。他死后，每逢忌辰，他的子孙们均敬奉焗禾虫拜祭，吃钵仔禾虫的风气逐渐传开来。

禾虫有煎、炒、炸、煲汤、清蒸等多种烹制方法，但实践证明，最佳烹法是焗（坊间也称为"炖"），而当初陈万年所用的土里土气的瓦钵，是最佳烹器。

顺德人最爱吃钵仔焗禾虫。其制法是把禾虫漂净，用干布吸干水分，放入瓦钵（钵底事先垫放一两件肥膘，一则煎出油，二则可防止禾虫粘底变焦）中，加入炸蒜蓉、陈皮丝、盐、花生油，抖匀，让禾虫爆浆，再加上榄豉粒、油条片或炸米粉丝、胡椒粉、鸡蛋液，焗熟后置炉上，用慢火焙干水分，跟浙醋佐吃。这蛋黄色的禾虫糕富于弹性，味极鲜美，浓香扑鼻。正是：

禾虫八月转红黄，少入油盐吐玉浆。

瓦钵蒸来佳味熟，家家炕得满城香。

小物凡胎育异珍，奇鲜绝艳品称神。

难求一撮蟛蜞子，稀味得尝乐煞人。

诗中咏唱的礼云子即蟛蜞子（卵）。由于蟛蜞两螯状若作揖，有人巧取“四书”中“礼云礼云，玉帛云乎哉”之句，给蟛蜞子取了个秀丽高雅的别称。礼云子是卵类食材中最细小而又最鲜美的一种，被视为赋味神品，最适宜做扒菜面料，而用作馅料制成点心，显得珍贵精致，品位高雅。礼云子扒北菇、礼云子煎蛋饼、礼云子扒苋菜、礼云子拌面等都是广府美食的佳品。

顺德籍粤剧“万能泰斗”薛觉先（1904—1956）是一位礼云子痴，他曾在20世纪三四十年代，在广东食界掀起过一股“礼云子热”，但也为嗜吃礼云子而付出了丧妻的惨重代价。

一天，薛觉先与妻子唐雪卿到一家酒楼吃饭，饱吃了一餐礼云子菜肴。谁知回家不久，唐雪卿就出现皮肤过敏风疹，搔痒难耐，去找薛觉先的老朋友、一位大名鼎鼎的德国医学博士为她诊治。这位德国博士给唐雪卿注射了一支盘尼西林（青霉素），因百密一疏未经皮试，病人发生过敏性休克，虽奋力抢救，但终无效而逝。

礼云子富含蛋白质和脂肪，还含卵磷脂，高血脂、肥胖症、冠心病及有皮肤过敏病史的人却不宜多吃。唐雪卿为大吃这种田基美食而付出了生命的代价，这个教训值得吃货们牢牢记取。

礼云子美食

礼云子扒柚皮
（千家客饭店提供）

8

主食小吃味纷呈

烧鸡烩饭

鸡油花雕大红蟹陈村粉

鱼皮角浸鱼面线

上汤鱼皮角

上汤虾皮角

功夫汤

锅烧豆腐

……

烧鸡烩饭

烧鸡烩饭（阳辉里美食苑提供）

坐落于伦教乌洲的阳辉里美食苑，有一道招牌菜：烧鸡烩饭。说起它的由来，还有一个动人的故事呢。

话说民国时的粤剧“男花旦王”千里驹，原名区家驹，顺德乌洲乡人。幼年丧父，一度沦为乞丐。他事母至孝，常上茶楼讨饭奉养母亲。十三岁时的一天，小家驹在酒楼上巧遇著名刀马旦“扎脚胜”在进餐，上前央求施舍。“扎脚胜”见他眉清目秀，性情温驯，已生好感，待到了解其身世，更生怜悯之念，把桌上的当红烧鸡和喷香炒饭让给家驹果腹。家驹尽管饥肠辘辘，但都舍不得吃上一口，要让母亲“打牙祭”。正是孝感动天，“扎脚胜”当场慨然收家驹为徒。

后来，区家驹改艺名“千里驹”，发愤苦练，终于成为粤剧名伶，享有“男花旦王”“悲剧圣手”“滚花王”“中板王”“广东梅兰芳”等美誉。可贵的是，千里驹成名后富不忘本，不避“失礼”之嫌，在家中客厅神台上悬挂早年讨饭用过的“乞儿篮”，作为警戒自己和妻儿保持奋斗上进的动力。千里驹认为，演戏是高尚的职业，对社会上鄙薄伶人为“下九流”的偏见感到愤慨，不断告诫行中兄弟要自爱自重，为演艺事业争气争光。有一次，老倌靓新华的一个徒弟在澳门演出，被当地的消防队员无理辱骂和殴打。千里驹得知此事，挺身而出，组织各班艺人集体前往评理，并承诺愿意承担一切经济责任。在他们义正辞严的抗争下，澳门消防局处理了肇事者，并在酒楼摆酒请客以示道歉。千里驹想起旧事，指定桌面要有一道烧鸡烩饭，并定名“争气鸡饭”，意在激励同行为粤剧界争气争光。有诗赞千里驹：

不忘当年苦出身，悬篮警戒励家人。

专添一道烧鸡饭，振奋同侪做戏神。

鸡油花雕大红蟹陈村粉

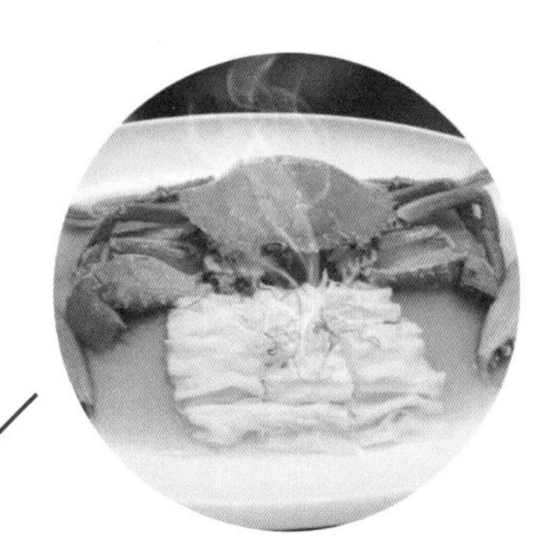

鸡油花雕大红蟹陈村粉
（黄但记提供）

自1927年问世以来，陈村粉凭着薄爽滑香的特色，逐渐成为珠三角驰名小吃。近二十年来，陈村粉的烹调方法由传统的几种激增至几十种。近年，经一些厨师潜心研究和酒楼锐意创新，陈村粉这种小吃逐渐成为美点或佳肴，而且式样丰富多彩，味道浓淡相宜。正是：

清纯素净见天真，蔬笋气含最喜人。

海错山珍惭矫饰，凭禅一味绝凡尘。

此诗咏的是素蒸陈村粉。2011年9月24日，台湾著名艺人蔡康永在其微博上撰文，称赞这道菜在满桌山珍海味中，“显得素净有气质”“颇有禅味”。他还表示：“如果要我整治一席菜来向外国朋友展现中国的文化情调，我会让这道简洁的佳肴上桌的，潇洒得很呢。”2011年11月15日，广东省人民政府设宴欢迎经济发展咨询会的洋顾问，宴会上有一道极富诗情画意的菜肴深受外国朋友欢迎，它的芳名是“彩云追月”，原来就是牛腩汁陈村粉。

用高档配料烹制而成的陈村粉馔给人以雍容华贵的印象。其中，鸡油花雕大红蟹陈村粉堪称极品。据称，黄但记知味食府的这道招牌菜研制时曾有幸得到TVB“鼎爷”的指导，选用新鲜的大肉蟹、鸡油与十年陈酿花雕酒，使味道完美融合，以清蒸的方式保留蟹的原汁原味。陈村粉融入鸡油花雕酒蒸蟹的鲜味而分外诱人食欲。整道菜高贵典雅，气势不凡，在盛宴上出现，给人以珍馐玉馔的美感，此菜也毫无悬念地获评第四届佛山名菜。

鱼皮角浸鱼面线
（梁锦辉师傅提供）

鱼皮角浸鱼面线

鱼皮角浸鱼面线的美味故事

鲮球嚼惯换心思，巧仿春蚕吐玉丝。
浴出兰汤清爽绝，凤城鱼面美名驰。

这首诗吟咏的是顺德传统美食凤城鱼面线。

相传清道光二十五年（1845 年），大良清晖园园主为母亲设宴贺寿。厨师姓梁，在筵席末段准备做寿面时发现面粉已告用罄，只有鱼肉。梁大厨灵机一动，把鱼肉做成鱼面线，代表长寿百岁。大家吃后大赞好吃，并称此面为“长寿鱼面”。

其后，鱼面传到酒楼食肆。主料是新鲜鲮鱼，配料是陈皮末、盐、糖、蛋清、生粉各少许。做法是把鲮鱼蓉刮出，加入上述调料，搅匀摔打至呈胶状，把鱼胶置于唧嘴或挤花袋中，然后把鱼胶一根根地挤到清水里养着，便成鱼面线。

由于鱼面线的创制者是凤城厨师，所以称“凤城鱼面线”。这种鱼面在餐饮界一直是用手工制作，顺德资深厨师梁锦辉认为，要发扬光大顺德食鱼文化，让五湖四海的吃货都能尝到鱼面的美味，就要用机械大批量制作。他设计出一种机器，把鱼肉打成无骨的鱼胶，加入少许佐料、调料（仅占 5%），通过管道挤出成面条状，然后杀菌，做成真空包装，远销各地。

鱼面线入馔，方式很多。《顺德原生美食》载：凤城鱼面线与凤城鱼皮角堪称姐妹美食。顺德十大名厨之一的连庚明，把鱼面线与鱼皮角同时入馔，加上汤、菜远同焯而成鱼皮角浸鱼面线，成菜恍如玉线穿银饺，清鲜爽滑，此菜在 2016 夏秋鱼肴评选活动中以高票胜出。此外，鱼面线炒鲜奶、腐竹烩鱼面线都是绝妙佳肴。

鱼皮角浸鱼面线（梁锦辉师傅提供）

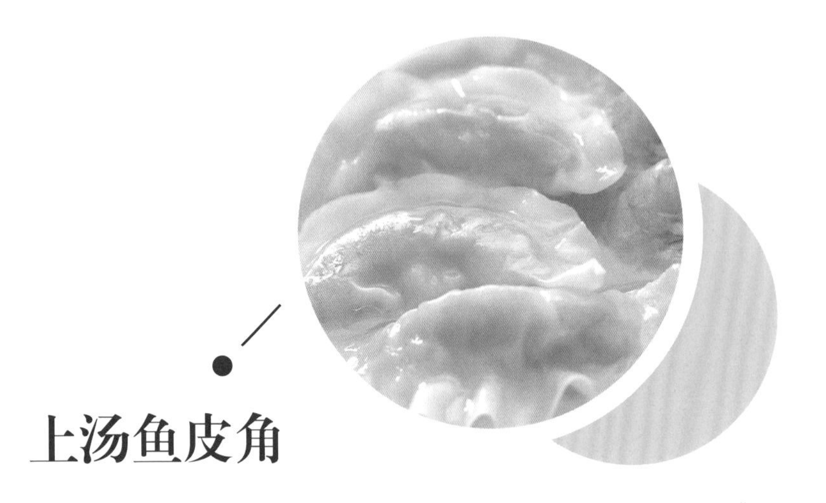

上汤鱼皮角

碾薄鱼蓉巧做皮，氽烹并不损毫厘。

清汤玉饺翩翩舞，恰似芙蓉濯碧漪。

这首美食竹枝词咏唱的是顺德名菜上汤鱼皮角。此菜的制法是把上汤烧沸，调味后分盛碗内。把鱼皮角放入开水里煮至浮起，然后“过冷河”漂去表面粉胶，再放入沸水中回热，分盛入有上汤的碗中。将嫩菜远加油盐灼熟，放入各碗即成。成品洁白如雪，清雅脱俗，映衬在清汤绿叶中，宛若睡莲戏水，一派诗情画意。

早在民国时期，上汤鱼皮角已是广州四大园林酒家之一的南园酒家的招牌菜；也是广西饮食行业有近百年历史的传统佳肴，历来是各大酒楼饭店四季应市的名菜之一。香港美食家蔡澜先生曾经率领一个“叹世界”旅行团来顺德访问，当他品尝了仙泉酒店的上汤鱼皮角后，连声赞叹：“最最最好吃！”

鱼皮角首创于民国初年，是为克服云吞火候稍过则面皮即烂的缺点而制作的。改用鱼皮制成比纸还薄的皮，用优质猪肉、鲜虾仁，配以韭黄、嫩竹笋粒、白芝麻等等高级配料和匀成馅，然后以鱼皮包馅捏制而成鱼皮角。据冯沃老先生回忆，最早做鱼皮角的是打面师傅“卖面四”，后经冯不记老店包装成为著名品牌，再经该家族的冯扬、冯沃、冯海的传播以及澳门珠记面食专家传至香港、澳洲、美国，经顺德名厨卢宝麟传至广

西。1998年，顺德点心师岑洪坤制作的清晖鱼皮角荣获“中华名小吃”称号。容桂欣得食品的区建恩先生，运用先进速冻技术把鱼皮角包装运输，远销港澳、美国、澳洲等地，人称“角王”。他现场制作的上汤韭黄鱼皮角在“凤味九州，飘香南湖”顺德美食推介会上广受追捧。

上汤鱼皮角（占里欣得食品有限公司提供）

上汤虾皮角（魏民摄）

上汤虾皮角

名菜复兴，经典传承。在第七届中国（美的）岭南美食文化节顺德名菜精品宴上，有一道“新潮菜”赢得了一众美食品鉴家的如潮好评。这就是“古老作时兴”的上汤虾皮角。

虾皮角是鱼皮角的“妹妹”。鱼皮角是顺德百年老面店“冯不记”于清末民初时创制的风味小吃，而虾皮角则“年轻得多”。1948年的一天，大良桥珠酒家的打面师傅龙坤（著名凤城厨师龙华之子）在酒楼收市后准备制作鱼皮角以备翌日应市之用。他发现鱼皮角的主料鲮鱼肉用完了，而鲜虾肉还有存货，于是他灵机一动，用虾肉为原料，制成虾胶，加入澄面和面粉，拌匀，搓成虾皮，将鱼皮角的馅料包住，捏成半圆形状，遂创制出虾皮角。虾皮角比鱼皮角更加爽滑鲜美，一时成了桥珠酒家的面食品牌，并一度大行其道。可惜三年经济困难时期物质匮乏，原料短缺，虾皮角不幸夭折。五十多年后，经老一辈特级点心师余运师傅与中年面点大师吴南驹共同研究和巧手精制，让销声匿迹多年的虾皮角“重出江湖”。有诗咏凤城虾皮角：

虾鱼本是弟兄篇，后秀佳珍味更鲜。

跃进潮头吞噬去，精华宴上见新天。

上汤虾皮角品位颇高。《粤厨宝典》指出，虾熟后会因它富含的虾红素而产生红润的色泽，虾肉白里透红，有“万绿丛中一点红”的美态。一只只焯熟的虾皮角，映衬在清澈的上汤中，与碧绿的菜远相映成趣，十分清雅可爱。

功夫[1]汤

功夫汤（大良师傅仔饭店提供）

在仙泉酒店近邻，有一家用特色美食吸引嘴刁的住客的食肆，老板何先生有一定文化素养。该店创制的功夫汤，被评为凤城招牌菜，还引起一些食店争相仿制呢。

据何老板介绍，功夫汤的创制灵感来自潮州功夫茶。《潮州志》记载："潮人嗜茶，器具精细，手自烹瀹，名曰功夫茶。"清代美食家袁枚在《随园食单》中对这一茶俗作了生动的描写："杯小如胡桃，壶小如春橼，每斟无一两，上口不忍遽咽，先嗅其香，再试其味，徐徐咀嚼而体贴之，果然清香扑鼻，舌有余甘。"广东女诗人冼玉清教授赞美潮州茶俗说："烹调味尽东南美，最是工夫茶与汤。"

"功夫汤！"何老板福至心灵，蓦然产生了试制功夫汤的冲动。从潮州返回顺德后，他便开始创新的尝试。他把鲍鱼、鸡肉、鸡脚、水蛇、虫草花、海底椰、杞子等优质食材放入功夫茶壶内，用纱纸密封壶盖，用慢火炖上4小时。果然汤色金黄清澈，味道鲜醇甘浓。位上，每客一壶，自斟自饮。何老板戏称品饮此汤仿佛有"气吞山河"之势。其实是让食客边听松涛声观赏翠美山色，边品靓汤，放松快节奏生活造成的身心紧张疲劳，享受慢生活的乐趣。这，才是功夫汤备受食客喜爱的根本原因。

有诗咏功夫汤：

松涛听处玉壶香，小盏斟来琥珀光。

最爱浮生偷半昼，功夫付与品仙汤。

---

① 功夫，又作"工夫"（见《现代汉语词典》）。

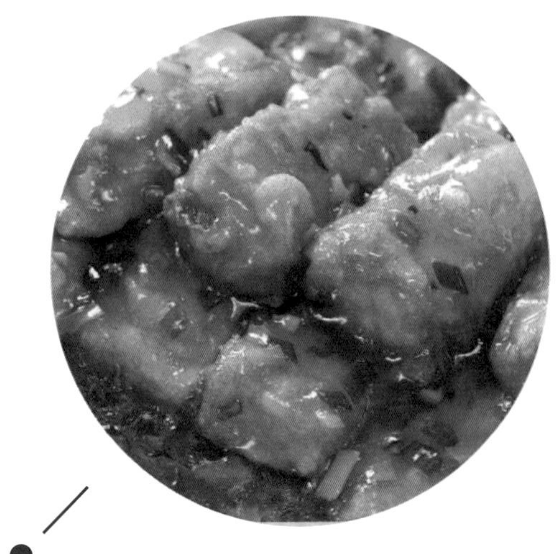

锅烧豆腐

锅烧豆腐的美味故事

借得淮南巧炸煎，金妆玉质惹人怜[1]。

草根美食黎元爱，一卖当红二十年！

这首诗咏唱的是锅烧豆腐——大良千家客饭店的招牌菜，自1996年推出市场，迄今二十多年，已经售出超过40万份！

话说“千家客”老板吴先生，原先在大良园林宾馆从事餐饮业务，1996年开营中档的千家客饭店。吴先生为人低调务实，重视食客的口碑。他是一位饮食文化爱好者，哪怕正在吃饭，只要有同好打电话来约他去觅食寻味，他就会毫不犹豫放下饭碗，立马扑将过去。刚开业不久，他发现生意并不怎么红火，心想可能是出品还不能适应食客的需求，于是礼聘来一位善于创新的大厨，与他一块儿分析菜品的销售动态，研究改良创新，不久就创

① 怜，此意为爱。

锅烧豆腐（千家客饭店提供）

制出几款有特色的平民化的美味佳肴，锅烧豆腐即是其中之一款。生意即时直线上扬！他当时也未曾料到，二十多年过去了，至今食客痴心不改，认准他的字号前来找寻锅烧豆腐的旧味。

豆腐是中国古代饮食四大发明之一，相传为西汉淮南王刘安所创（见明·李时珍《本草纲目》）。清代美食家袁枚在《随园食单》中写道："豆腐得味，远胜燕窝。""千家客"看准了价廉物美、营养丰富、嫩滑如脂的农家豆腐朴实而大众，经过适当处理后，将其表皮炸酥，然后勾上酱料的芡汁，就可以飨客了。它还破除了昔日豆腐不上筵席的陋习，引出了其他食肆"至尊豆腐""养生豆腐"等诸多菜式，并一直保持长盛不衰的走势！

1997 年 5 月 23 日，顺德饮食协会（筹委会）在香港国际贸易展览中心举行大型顺德美食汇演，筵开 101 席，当时的饭后甜汤——杏香奶糊让满座嘉宾油然而生甜蜜感和幸福感。

自 20 世纪 30 年代中叶顺德糖厂建成并投产后的半个世纪内，顺德一直是中国大陆制糖技术最先进、生产量最大的地区。顺德人嗜吃、擅制各种南方甜品。这些甜品用于筵席称“甜汤”。顺德甜汤具有清、润、滋补的特点。

杏香奶糊是顺德冬春时令甜食。以前，几乎每个顺德家庭的厨房中都有一只布满交叉斜痕的砂盆和一根用硬实番石榴木造的擂浆棍。把浸过热水、除去衣和尖的杏仁和适量米放入砂盆中，加点清水，用擂浆棍磨至幼滑，隔渣取浆，转入锅内，边加热边搅拌至沸，加砂糖调味，便成“平装”杏仁糊。富裕家庭例如清末民国时大良官绅龙季许家（那时靠清晖园一侧的华盖路有一半是他家的），会在杏仁糊中加入蛋清和牛奶，用冰糖调味，这样的杏香奶糊更是甜食极品。从顺德迁港多年的甜品店老字号“大良八记”，其杏香奶糊堪称一绝，誉满香江，被欧阳应霁写进了《香港味道》中。在第七届中国岭南美食文化节顺德名菜精品宴上，杏香奶糊作为压席甜品备受嘉宾赞美。参与制作此品的吴南驹、连庚明等大师在糊面撒上两三颗蒸熟的红腰豆和一小撮炸南杏细粒，起到衬色和增强咀嚼快感的作用。杏香奶糊的制法被载入《顺德菜烹调秘笈》中。

有诗咏凤城杏香奶糊：

万转千回磨玉浆，醍醐炼处杏仁香。

凭甘压轴堪回味，仙酪一瓯润热肠。

凤城杏香奶糊

粥底火锅

凝脂细滑润肥鲜，百味融和聚一瓯。

贵客围炉银箸落，玉糜强势上华筵。

2000年前后，从顺德起源的粥底火锅热潮在南粤大地迅速掀起，风靡全国。大良“毋米粥”把顺德民间滚粥打边炉重新包装、提升，使粥底火锅成为一种较高档次的饮食方式。

粥底火锅首先改进和完善了粥底的制法，把岭南传统的生滚粥和清水火锅的做法结合起来。用味汤熬成粥底，隔去粥渣，因而特别黏稠，但不会使食材被粘住。粥水令鱼肉入口更鲜滑，并锁住了菜肴的鲜味。行家评论说：“毋米粥的高明就在于用的是米汤，虽没有米粒却能保持了一定的稠度，你怎么煮，它不粘底，你怎么搅，它不生水。”其次是放料井然有序，让美味层层铺陈，由硬至软的投料程式犹如写散文的起承转合，整个过程层次分明，条理清晰。

粥底火锅突破了粥“入以荤腥”即失“正味”的狭隘观念，创新了吃粥的传统内涵。粥料由传统的塘鱼青菜，扩展至虾蟹等海鲜，这样一来，粥底火锅打破了“在大排档吃粥”的思维定势，令历来偏于卑微寒碜的粥身价倍增，甚至堂而皇之进入高雅食府，成为正餐主礼。

因得粥底火锅热潮的推助，2011年5月9日，粥水制作技艺被列入顺德区第三批区级非物质文化遗产名录。

顺德乡宴

顺德凉粉

爽滑乌油小有名，清流脉脉令身轻。

瓯中软玉甜如蜜，竟是神仙草炼成。

此诗咏唱的是顺德夏令小吃——凉粉。

相传明朝末年兵荒马乱，一梁姓人家逃到广东某山村。梁家小婢饿得慌，在路边山坡上随手拔起一把野草就往嘴里塞，嚼着嚼着，发现野草汁液淡甘，带有胶性，一时饥渴尽消。于是，她采摘了一大捆这种野草带回去，把讨来的半升大米泡软，到附近人家借用石磨磨成了浆，煮熟。时值盛夏，她把粉浆放进清凉的水里浸泡，竟然凝结成碧绿的胶冻状。原来这种草为唇形科植物凉粉草，从来不生病虫害，不易引火燃烧，胶性好，有清凉本性，具清热消暑功效，被古人称为“仙草”。用它制成的凉粉是天然黑色食品。

与别处形如豆腐花、入口即化的凉粉不同，顺德凉粉口感爽滑，棱角分明，切面乌润发亮，有天然胶质的弹性及特有的清香。以前，顺德凉粉由小贩走街串巷肩挑叫卖。2014 年，毕业于广州中医药大学的陈其峰从伯父手里接过了经营达 60 年的家族生意，在容桂创办了“纳应良茶”铺，把传统工艺与现代科技熔于一炉，精选上佳凉粉草，在洗草、熬煮、加入淀粉、煮沸、撇沫、冷却等步骤均加以精心改良，制成表面乌润透明、散发出淡淡自然草香的凉粉。2016 年，“纳应凉粉”被评为容桂特色美食，并载入《品味容桂》《食经》等书籍中。顺德美食又增添了一个新品牌。

顺德凉粉（容桂纳应堂提供）

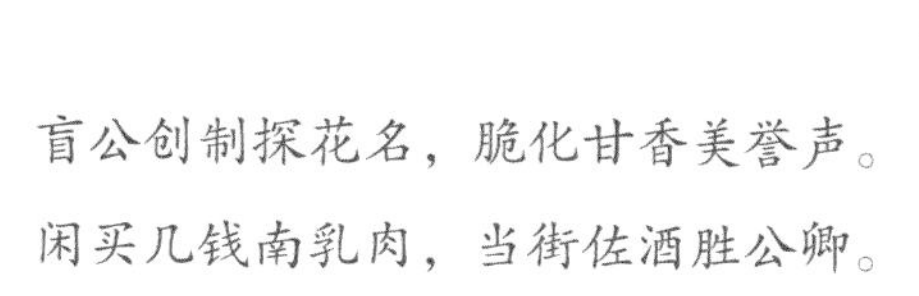

南乳花生

盲公创制探花名，脆化甘香美誉声。

闲买几钱南乳肉，当街佐酒胜公卿。

所谓南乳花生，其实是以南乳（红腐乳）调味制成的五香花生仁。过去顺德大街小巷都有盲人叫卖："粒粒脆，南乳花生肉——"也可以见到搬运工人用南乳花生佐酒的情景。

据传，南乳花生为清咸丰年间广州西关盲人阿德所创制。阿德因炸煎堆被热油溅瞎了双眼，凭着失明人特别的记忆力和耐性，炒制出特别酥脆的花生，在多宝坊设摊摆卖。

南乳花生的扬名，与顺德著名书法家、学者李文田的褒扬有关。李文田，均安上村人，咸丰探花，曾任内阁学士，入值南书房。这位"柴米探花"平生不置田产，薪俸除了养家之外，全部用于搜购古籍及碑帖。他在广州西关（今恩宁路）建造泰华楼，把平生搜罗到的十万卷珍稀版本安顿在里面。他在公务之余，勤于治学，对元史、金石和书法都有精深的研究并有专著传世。退隐后，李文田在多宝坊居住，对街头小吃南乳花生十分欣赏，知道是用南乳酱水浸泡花生米一夜，风干，与炒热的大粒黄砂一起炒焖至熟制成，于是把这种炒花生米叫作"南乳花生肉"。李文田德高望重，有了李文田的褒扬，南乳花生渐渐声名远播。后来传到顺德，经高手改进，风味更佳。1997年，在杭州市举行的首届中华名小吃认定活动中，顺德李禧记（辉店）南乳花生入选中华名小吃名录。

参考文献

[1]［清］屈大均.广东新语（李育中等注）［M］.广州：广东人民出版社，1991.

[2]［清］袁枚.随园食单［M］.广州：广东科技出版社，1983.

[3]［清］佚名.调鼎集（邢渤涛注释）［M］.北京：中国商业出版社，1986.

[4]［清］红杏主人.美味求真［M］.广州：广东科技出版社，2014.

[5] 唐鲁孙.酸甜苦辣咸［M］.桂林：广西师范大学出版社，2005.

[6] 陈荆鸿.广州食肆偶忆［M］.广州：广东人民出版社，2009.

[7] 王晓玲.食在广州・岭南饮食文化经典［M］.广州：广东旅游出版社，2006.

[8] 黄明超.新概念中华名菜谱・广东名菜［M］.上海：上海辞书出版社，2004.

[9] 潘英俊.粤厨宝典・味部篇［M］.广州：岭南美术出版社，2009.

[10] 潘英俊.烧卤制作图解I、烧卤制作图解II［M］.广州：广东科技出版社，2016.

[11] 周松芳.民国味道［M］.广州：南方日报出版社，2013.

[12] 陈梦因.粤菜溯源录［M］.天津：百花文艺出版社，2008.

[13] 陈梦因.食经［M］.天津：百花文艺出版社，2009.

[14] 唯灵.香港名厨真传食谱［M］.香港：香港周刊出版社有限公司，1985.

［15］欧阳应霁.香港味道［M］.北京：生活·读书·新知三联书店，2007.

［16］黄玉茹.顺德真传［M］.香港：万里机构·饮食天地出版社，2009.

［17］焦桐主编.文学的餐桌［M］.桂林：广西师范大学出版社，2009.

［18］中国烹饪百科全书编委会.中国烹饪百科全书［M］.北京：中国大百科全书出版社，1997.

［19］梁昌，廖锡祥.顺德菜精选［M］.广州：广东科技出版社，1997.

［20］廖锡祥，李健明.美味顺德［M］.北京：人民出版社，2005.

［21］李健明.话说顺德［M］.北京：人民出版社，2005.

［22］顺德市饮食协会.顺德美食精华［M］.北京：新华出版社，2001.

［23］廖锡祥.顺德原生美食（上册）（下册）［M］.广州：广东科技出版社，2015.

［24］顺厨、廖锡祥.顺德菜烹调秘笈（传统名菜）、顺德菜烹调秘笈（新潮名菜）［M］.广州：广东科技出版社，2008.

［25］陈纪临、方晓岚编著.巧手精工顺德菜［M］.香港：万里机构·饮食天地出版社，2013.

［26］佛山市顺德区容桂街道经济和科技促进局.品味容桂［M］.广州：广东经济出版社，2017.

［27］顺德市地方志编纂委员会.顺德县志［M］.北京：中华书局，1996.

［28］［清］顺德县志。

［29］［清］龙山乡志。

［30］［民国］龙山乡志。

［31］勒流经济发展办公室.美食勒流［M］.2006.

［32］樊衍锡.食趣［M］.广州：花城出版社，1988.

［33］舒翔主.顺德清晖园［M］.广州：华南理工大学出版社，2011.

［34］张永锡.龙江千年回眸［M］.广州：广州出版社，2001.

［35］陈永正.岭南历代诗选［M］.广州：广东人民出版社，1993.

［36］钟庸.食疗药物（第一至四集）［M］.香港：香港得利书局，1984.

［37］聂凤乔.蔬食斋随笔（第二集）［M］.北京：中国商业出版社，1987.

［38］聂凤乔.中国烹饪原料大典（上卷）［M］.青岛：青岛出版社，1998.

［39］聂凤桥，赵廉主.中国烹饪原料大典（下卷）［M］.青岛：青岛出版社，2004.

［40］钱仓水.说蟹［M］.上海：上海文化出版社，2007.

［41］龚伯洪.百年老店［M］.广州：广东科技出版社，2013.

［42］龚伯洪.广州美食［M］.广州：广东省地图出版社，2000.

［43］李秀松.烹调小品集［M］.北京：中国展望出版社，1986.

［44］江献珠.〈兰斋旧事〉与南海十三郎［M］.香港：万里机构·万里书店，1998.

［45］李有华，张解民.顺德历史人物［M］.广州：广东人民出版社，1991.

［46］郑宝鸿.香江知味：香港的早期饮食场所［M］.香港：香港大学出版社，2003.

［47］［唐］刘恂岭.表录异（见鲁迅、杨伟群校《历代岭南笔记八种》，广州：广东人民出版社，2011年）

［48］［美］魏斐德著、王小荷译.大门口的陌生人：1839-1861年间华南的社会动乱［M］.北京：新星出版社，2014.

［49］罗志欢.岭南历史文献［M］.广州：广东人民出版社，2006.
［50］蒋建国.广州消费文化与社会变迁［M］.广州：广东人民出版社，2006.
［51］谭运长，刘斯奋.清晖园［M］.北京：人民出版社，2007.
［52］田丰，林有能.岭南风物［M］.广州：暨南大学出版社，2014.
［53］刘正刚，乔玉红.与正统同行——明清顺德妇女研究［M］.北京：人民出版社，2011.
［54］黄天骥.岭南新语——一个老广州人的文化随笔［M］.广州：花城出版社，2014.
［55］陈维恩.梁廷枏评传［M］.北京：人民出版社，2007.
［56］苏禹.顺德祠堂［M］.北京：人民出版社，2011.
［57］苏禹.历史文化名村碧江［M］.北京：人民出版社，2007.